Lecture Notes
in Economics and
Mathematical Systems
Operations Research, Computer Science, Social Science

Edited by M. Beckmann, Providence and H. P. Künzi, Zürich

64

P. Gessner
K. Spremann

Optimierung in Funktionenräumen

Springer-Verlag
Berlin Heidelberg GmbH 1972

Peter Gessner
Klaus Spremann
Technische Universität München
Institut für Angewandte Mathematik
8000 München 2, Arcisstr. 21

AMS Subject Classifications (1970): 49-02, 49 B 30, 49 B 35, 49 D 05, 49 D 10, 49 D 99, 93 C xx

ISBN 978-3-540-05794-9 ISBN 978-3-662-09123-4 (eBook)
DOI 10.1007/978-3-662-09123-4

Originally published by Springer-Verlag Berlin Heidelberg New York in 1972.

Library of Congress Catalog Card Number 72-75816.

Offsetdruck: Julius Beltz, Hemsbach/Bergstr.

INHALT

EINLEITUNG

Die Methoden der Kontrolltheorie und der optimalen Steuerung von Prozessen findet ständig neue Anwendungsgebiete in Ökonomik, Naturwissenschaften und Technik. Während die diskreten dynamischen Stufenprozesse schon seit längerer Zeit ihre Leistungsfähigkeit in den Wirtschaftswissenschaften zeigen, lassen sich heute mit weiteren mathematischen Optimierungsverfahren der Anlauf von Atomreaktoren, Rendezvous, Re-entry und Treibstoffminimierung von Raumfahrzeugen, der katalytische Krackprozeß (Hochtemperatur-Pyrolyse polymerer Kohlenwasserstoffe) zur Herstellung von Benzin und Kunststoffen ökonomischer und sicherer durchführen.
Die Ergebnisse dieser mathematischen Methoden (mit verzögerten Differentialgleichungen, Integrodifferentialgleichungssystemen und überbestimmten Randwertproblemen) helfen bei Problemen der experimentellen Bakteriologie, bei der Kardiographie in der Medizin und können auf Probleme des Massenverkehrs angewandt werden.
Technische Neuentwicklungen eröffnen der Kontrolltheorie weiter Anwendungsmöglichkeiten: die erstmalig im Jumbo-Jet realisierte "inertial navigation" (Gyroautopilot mit Integratoren) bei der vollautomatischen Zielführung und Landung von Verkehrsflugzeugen, Chromatograph und Massenspektrometer in der Lebensmittelchemie zur Konstanthaltung der Qualität von Nahrungsmitteln.
Neuerdings zeigen sich sogar bei der günstigsten Wahl von Amplituden-, Frequenz- und Pulsmodulation in der Informationstheorie interessante Anwendungen der Optimierung in Funktionenräumen.

Die mathematischen Modelle, die der Beschreibung der eben genannten Aufgabenstellungen dienen, haben trotz individueller Verschiedenheiten gemeinsame Merkmale, die eine Lösung nach einheitlichen Verfahren und Prinzipien ermöglichen: alle Modelle sind charakterisiert durch einen linearen Raum, auf dem ein reelles Funktional definiert ist. Es sollen nun Elemente dieses linearen Raumes gefunden werden, die zusätzlich gegebene Nebenbedingungen erfüllen und das Funktional den größtmöglichen Wert annehmen lassen. Im Unterschied zur linearen Programmierung sind aber hier die beteiligten Abbildungen nicht linear und die Räume unendlichdimensional: es handelt sich um Funktionenräume. Im Unterschied zur klassischen Variationsrechnung sind zur Maximierung des Funktionals nicht alle Funktionen des Raumes zugelassen, sondern nur solche, die Elemente einer vorgegebenen, beschränkten, häufig abgeschlossenen und konvexen Teilmenge sind. So liegen die gesuchten optimalen Funktionen oft, bei manchen Problemen immer, auf dem Rand dieser Teilmenge und die klassischen Methoden von BERNOULLI, EULER, LAGRANGE und WEIERSTRASS sind nicht anwendbar.

Die Entwicklung numerisch praktikabler Lösungsverfahren für die oben erwähnten Probleme steht im Mittelpunkt dieser Lecture Notes. Hierzu werden eine funktionalanalytische Methode und das Maximumprinzip von Pontrjagin diskutiert und miteinander verglichen, soweit letzteres anwendbar ist.
Für die funktionalanalytische Methode beschreiben wir in § 1 zunächst ein allgemeines Modell, das alle zu behandelnden Optimierungsprobleme umfaßt. Seine prinzipielle Lösungsmethode läßt sich als "Linearisieren und Verbessern" charakterisieren: Man geht von einer willkürlich gewählten Kontrollvariablen aus und verbessert diese schrittweise. Die "Verbesserung" wird jeweils ohne Verfahrensfehler als optimale Steuerung eines linearen Modells berechnet.

In den §§ 2, 3 und 5 zeigen wir die konkrete Durchführung der Methode bei den wichtigsten Problemklassen der Kontrolltheorie - bereits hier ist das Prinzip von Pontrjagin teilweise nicht mehr anwendbar. Die beschriebenen Verfahren sind gründlich erprobt; viele Beispiele auch mit höherdimensionalen Zustands- und Entscheidungsvariablen wurden erfolgreich an Digital- und Hybridrechnern gelöst ([30],[36],[43],[65]). Als Ergänzung gehen wir in §4 auf modifizierte Aufgabenstellungen und auf die Synthese optimaler Steuerungen ein. In §6 lösen wir Probleme mit Beschränkungen für die Zustandsvariablen.

Der konstruktiven Anwendung des Maximumprinzips von Pontrjagin und seinem Vergleich mit der funktionalanalytischen Methode sind die §§ 7 mit 11 gewidmet. Das Maximumprinzip, das stark dem Vorgehen der klassischen Variationsrechnung verhaftet ist, war Grundlage und Ausgangspunkt für viele Versuche zur Entwicklung von Lösungsverfahren für Kontrollprobleme. Trotz aller Bemühungen zeigt sich aber:

Das Prinzip ist konstruktiv immer nur auf spezielle Beispiele anwendbar - in den §§ 7 und 8 wird versucht, die Möglichkeiten der konstruktiven Nutzung systematisch zu erfassen.

Bei modifizierten Problemen (z.B. bei diskreten Kontrollproblemen) gilt sogar das Prinzip selbst nicht mehr - die tieferen Ursachen hierfür werden in §9 aufgezeigt.

Die mit dem Maximumprinzip erzielten konstuktiven Verfahren schließlich kann man direkter und übersichtlicher mit der funktionalanalytischen Methode erhalten (§§ 10 und 11).

Ein Ausblick auf weitere Ortimierungsprobleme in Funktionenräumen, die sich nach der funktionalanalytischen Methode lösen lassen, wird in §12 gegeben.

München, im Januar 1972

Peter Gessner
Klaus Spremann

§1 DAS ALLGEMEINE MODELL UND DIE DIREKTE METHODE

Alle der in dieser Arbeit untersuchten Optimierungsprobleme in Funktionenräumen lassen sich durch ein einziges mathematisches Modell erfassen und einheitlich mit der direkten Methode lösen. Neben der Einführung von Bezeichnungen und der Bereitstellung von Begriffen ist es demnach Aufgabe dieses Paragraphen, diesen Lösungsweg vorzustellen. Wie man die wichtigsten Arten von Problemen durch das allgemeine Modell beschreibt und wie die direkte Methode dann konkret durchzuführen ist, zeigen wir dann später in den §§ 2, 3, 5 und 12.

Jedes nichtstochastische Optimierungsproblem wird durch vier wesentliche Merkmale charakterisiert:

den beteiligten linearen R ä u m e n in denen sich alles abspielt. Wie üblich wird mit X der Raum der Zustandsvariablen und mit U der Raum der Steuervariablen (Politiken) bezeichnet.

den N e b e n b e d i n g u n g e n (bzw. P r o z e ß) die eine Beziehung zwischen den Steuerungen $u \in U$ und den Zustandsvariablen $x \in X$ herstellen. Diese Beziehung wird durch einen Operator beschrieben, der hier mit T bezeichnet wird.

der Z i e l f u n k t i o n , die maximiert werden soll. Sie ist durch ein reelles Funktional S gegeben.

den R e s t r i k t i o n e n . Nicht alle Elemente von U und X sind zur Maximierung des Zielfunktionals S zugelassen, sondern nur solche, die in vorgegebenen Teilmengen $Q_u \subset U$ und $Q_x \subset X$ liegen.

Diese Vorbetrachtungen erlauben die

Definition 1

Unter einem OPTIMIERUNGSPROBLEM verstehen wir jedes 6-Tupel (X, U, Q_x, Q_u, T, S) wenn

(OP_1) X und U sind reelle lineare Räume

(OP_2) $Q_x \subset X$ und $Q_u \subset U$

(OP_3) $T : X \times U \to X$, der Operator T soll mindestens auf $Q_x \times Q_u$ definiert sein

(OP_4) zu jedem $u \in Q_u$ gibt es genau ein $x \in X$ mit $T(x,u)=0$

(OP_5) $S : X \times U \to R$, das Funktional S soll mindestens auf $Q_x \times Q_u$ definiert sein.

gilt. Ist zusätzlich

(OP_6) T und S sind linear

erfüllt, dann heißt das Optimierungsproblem selbst LINEAR.

Nur die Bedeutung von (OP_4) ist noch nicht klar: dieses Axiom sichert die Existenz einer Abbildung $F : U \to X$, die jeder Steuerung $\overline{u} \in U$ die ZUGEHÖRIGE Zustandsvariable $\overline{x} \in X$ mit $T(\overline{x},\overline{u}) = 0$ zuordnet; F ist eindeutig bestimmt und wenigstens auf Q_u definiert.

Die Allgemeinheit dieser Definition ermöglicht es, verschiedenste Arten von Optimierungsaufgaben zusammenzufassen und erlaubt eine einheitliche Betrachtungsweise: verschiedene Aufgabentypen der Kontrolltheorie (§§2, 3),Mehrpunktrandwertprobleme bei gewöhnlichen DGLsystemen, mehrstufige dynamische Systeme aus der Unternehmensforschung (§5) sowie Optimierungsprobleme mit Integrodifferentialgleichungen als Nebenbedingungen (§12) etc. gestatten die Formulierung als Tupel (X, U, Q_x, Q_u, T, S),das die Axiome (OP_1) ... (OP_5) erfüllt.

Andererseits ist die Allgemeinheit der Def. 1 gerechtfertigt, weil es

mit der direkten Methode möglich ist, alle diese Optimierungsprobleme nach einheitlichen Gesichtspunkten zu lösen, sofern nur einige Voraussetzungen erfüllt sind.
Was aber ist die "Lösung" eines Optimierungsproblems?

Definition 2

Eine Steuerung $u' \in Q_u$ heißt BESSER als $u'' \in Q_u$ wenn $S(x',u') \geq S(x'',u'')$; wobei x' und x'' die zugehörigen Zustandsvariablen sind. Ein $u^* \in Q_u$ heißt OPTIMAL für (X, U, Q_x, Q_u, T, S) wenn u^* besser ist als alle $u \in Q_u$ und außerdem $x^* = Fu^* \in Q_x$.

Es werden also immer Nullstellen von T miteinander verglichen und durch S bewertet. Insbesondere diese letzte Definition legt eine Abkürzung nahe:

Mit Z werde der Produktraum $Z := X \times U$ bezeichnet; $Q_z := Q_x \times Q_u$ ist die ausgezeichnete Teilmenge von Z; $z^* = (x^*, u^*)$ heißt optimal, wenn u^* es ist und x^* die zugehörige Zustandsvariable ist.

Damit sind die Operatoren $T : Z \to X$ und $S : Z \to R$ auf Z, mindestens auf Q_z definiert und man kann die durch ein Optimierungsproblem (X, U, Q_x, Q_u, T, S) gestellte Aufgabe sinnfällig und übersichtlich in einem allgemeinen Modell, das mit (A) bezeichnet werde zusammenfassen:

$$(A) \begin{cases} (1.1) & Tz = 0 \\ (1.2) & Sz \to \sup \\ (1.3) & z \in Q_z \end{cases}$$

Die gestellte Aufgabe: das reelle Funktional S induziert auf Z eine konnexe Quasiordnung; gesucht ist ein größtes Element z^* der Menge aller Nullstellen von T die in Q_z liegen (bezüglich dieser konnexen Quasiordnung): $Sz^* \geq Sz$ für alle $z \in \{z | Tz = 0 \wedge z \in Q_z\}$

Die Existenz wenigstens eines solchen z* ist keineswegs gesichert; in [2] sind dafür viele nichttriviale mathematische Beispiele angeführt. Ein optimales z* existiert genau dann, wenn

(i) ein endliches Supremum existiert, wenn also

$$\{z \mid Tz = 0\} \cap Q_z \neq \emptyset \text{ gilt}$$

und das Bild dieser nichtleeren Menge unter S eine nach oben beschränkte Teilmenge von R ist.

(ii) dieses Supremum auch größtes Element ist.

Während (i) bei allen sinnvollen Optimierungsproblemen erfüllt ist, sind die zum Nachweis von (ii) erforderlichen Untersuchungen auf Kompaktheit i.a. umständlich. In der Praxis ist es aber unwichtig, ob das Supremum ein Maximum ist: auch ein nur "fast optimales" z erfüllt voll seinen Zweck. Es bleibt die Frage, ob Rechenverfahren zur Lösung von (A) die Existenz einer optimalen Steuerung voraussetzen.
Bei dem im folgenden beschriebenen iterativen Verfahren ist das aber nicht der Fall.
Zur Lösung von (A) bietet sich folgendes Konzept an:

Ausgehend von einer willkürlichen Nullstelle $z^{(0)}$ von T, die in Q_z liegt, errechnet man eine Folge $\{z^{(\nu)}\}_{\nu \in N}$ von Nullstellen des Operators T, wobei auch alle $z^{(\nu)}$ in Q_z liegen und $Sz^{(\nu)} < Sz^{(\nu+1)}$ gilt. Die KORREKTUREN $\Delta z = z^{(\nu+1)} - z^{(\nu)}$ berechnet man als optimale Lösung eines durch Linearisierung von T und S an der Stelle $z^{(\nu)}$ entstandenen linearen Optimierungsproblems.

Um diese Lösungsidee realiesieren zu können, müssen die Optimierungsprobleme einige Eigenschaften (E1) ... (E8) erfüllen.

(E1) X ist ein reeller, geordneter, unitärer Raum. Die Ordnung werde mit $\leq$, das Skalarprodukt mit $\langle , \rangle_X$ bezeichnet.

$|\hat{x}|_x := \langle\hat{x},\hat{x}\rangle_x^{\frac{1}{2}}$ ist die Skalarproduktnorm von $\hat{x} \in X$

(E2) U ist ein reeller, geordneter, unitärer Raum. Die Ordnung werde mit $\leq$, das Skalarprodukt mit $\langle,\rangle_u$ bezeichnet.

$|\hat{u}|_u := \langle\hat{u},\hat{u}\rangle_u^{\frac{1}{2}}$ ist die Skalarproduktnorm von $\hat{u} \in U$

Die Skalarprodukte in X und U werden bei der Lösung der durch Linearisierung von T und S entstehenden linearen Optimierungsprobleme benötigt. Hilberträume brauchen X und U nicht zu sein, die Vollständigkeit wird nicht vorausgesetzt. Die Ordnung[1] ermöglicht ein einfaches Festlegen von $Q_x \subset X$ und $Q_u \subset U$ als QUADER bzw. INTERVALLE, die von Schranken aufgespannt werden: sind etwa u_{min}, $u_{max} \in U$ mit $u_{min} \leq u_{max}$ solche Schranken, so wird Q_u durch $Q_u := \{u \in U | u_{min} \leq u \leq u_{max}\}$ als Intervall festgelegt. Man kann Q_u aber auch als KUGEL bezüglich der Norm festlegen. Eine dritte Möglichkeit, die Definition von Q_u als Zylinder durch einen STEUERBEREICH lernen wir in §7 kennen. Gleiches gilt für $Q_x \subset X$.

Mit

$$|z|_z := |x|_x + |u|_u \quad \text{wenn} \quad z = (x,u)$$

ist Z ein normierter Raum.

Wie erwähnt sichert (OP_4) die Existenz eines Operators $F: U \to X$ mit

(1.4) $$T(x,u) = 0 \Leftrightarrow x = Fu$$

F ist eindeutig bestimmt[2] und wenigstens auf Q_u definiert. Über diese

---

[1] Diese reflexiven, transitiven, antisymmetrischen (nicht konnexen) Relationen sollen mit der linearen Struktur verträglich sein (Translationsinvarianz und Skaleninvarianz) vergl. den Anhang. Die Kompatibilität wird z.B. in (1.12) benötigt.

[2] Umgekehrt wird bei Vorgabe einer Abbildung $F: U \to X$ eine ganze Klasse von Operatoren T, für die dann (1.4) gilt, definiert: z.B.: durch

bloße Existenz hinaus:

(E3) zu jedem $u \in Q_u$ soll das zugehörige $x = Fu$ einfach berechenbar sein.

Ausgeartete Optimierungsprobleme schließt man mit der für die Existenz eines optimalen z^* notwendigen Bedingung

(E4) $\{z \in Z | Tz = 0\} \cap Q_z \neq \emptyset$

aus.

Um die Operatoren T und S in eine verallgemeinerte Taylorreihe entwickeln zu können, fordert man noch

(E5) Die gemeinsame Definitionsmenge D_z von T und S, für die gemäß (OP_3) und (OP_4) $Q_z \subset D_z \subset Z$ gilt. sei konvex. Außerdem sollen T und S auf D_z zweimal FRÉCHET - differenzierbar sein.

Schließlich:

(E6) Es sind keine Schranken für die Zustandsvariablen vorgeschrieben, $Q_x = X$

Den Fall bei dem Q_x echte Teilmenge von X ist, behandeln wir gesondert in §6.

Die Linearisierung des allgemeinen Modells

Wir wollen nun zeigen, wie man den oben skizzierten Weg zur Lösung von

---

$T(x,u) := x - Fu$. Die Nullstellenmengen aller Operatoren dieser Klasse stimmen aber überein. Diese Menge ist aber wegen (1.4) die einzige, die interessiert, und auf ihr sind alle Operatoren T der Klasse identisch. In der Praxis wird häufig F primär gegeben sein, die Nullstellen von T werden bei allen Anwendungsbeispielen berechnet, indem man zu einem beliebigen $u \in Q_u$ das "zugehörige" $x = Fu$ mit $T(x,u) = 0$ berechnet. Man vergl. §§2, 3, 5.

(A) verwirklichen kann.

Das Auffinden einer Nullstelle $z^{(o)} \in Q_z$ von T als Start ist besonders einfach: zu jedem $u \in Q_u$ berechnet sich nach (E3) ein $x = Fu$, also eine Nullstelle $z = (x,u)$ von T, die wegen (E6) bereits in Q_z liegt.

Wenden wir uns der Verbesserung eines $\overline{z}$ zu einem $\overline{\overline{z}}$ zu:

Wie berechnet man für ein $\overline{z} \in Q_z$ mit $T\overline{z} = 0$ eine Korrektur? Dazu entwickelt man die Operatoren T und S an der Stelle $\overline{z}$ in eine verallgemeinerte TAYLORreihe

$$(1.5)\qquad \begin{aligned} T(\overline{z} + \Delta z) &= T\overline{z} + T'_{\overline{z}}\, \Delta z + \mathrm{Rest}_1(\Delta z) \\ S(\overline{z} + \Delta z) &= S\overline{z} + S'_{\overline{z}}\, \Delta z + \mathrm{Rest}_2(\Delta z) \end{aligned}$$

Wegen (E5) ist dies möglich und die Restglieder sind gleichmäßig beschränkt. Es gibt also ein $k' \in R$, so daß für alle $\Delta z \in Z$ mit $|\Delta z| \leq k'$ diese Restglieder vernachlässigt werden können. Soll $\overline{z} + \Delta z$ besser als $\overline{z}$ sein, so muß

(1.6) $\quad T'_{\overline{z}}\, \Delta z = 0$, damit auch $\overline{z} + \Delta z$ Nullstelle von T ist

(1.7) $\quad S'_{\overline{z}}\, \Delta z \to \sup$, damit Δz eine möglichst "gute" Korrektur ist

(1.8) $\quad |\Delta z|_Z \leq k'$, damit die Restglieder vernachlässigbar sind

sein.

Beachtet man, daß das gesuchte bessere $\overline{z} + \Delta z$ auch in Q_z liegen soll, so ersieht man aus Q_x, Q_u, $\overline{x}$ und der Kugel (1.8) leicht zwei Mengen $Q_{\Delta x} \subset Q_x$ und $Q_{\Delta u} \subset Q_u$ mit der Eigenschaft, daß $\Delta z \in Q_{\Delta x} \times Q_{\Delta u}$ zu wählen ist.

Die gesuchte Korrektur Δz berechnet sich somit als optimale Lösung des linearen Optimierungsproblems $(X, U, Q_{\Delta x}, Q_{\Delta u}, T'_{\overline{z}}, S'_{\overline{z}})$. Dieser Aufgabe wenden wir uns nun zu.

Das lineare Modell

Den auf dem Produktraum $X \times U$ definierten Operator $T'_{\bar{z}}$ kann man wegen seiner Linearität in die Summe zweier auf X und U definierter linearer Operatoren zerlegen [42]. Es gibt also $L : X \to X$ und $M : U \to X$ mit

(1.9) $\quad L\Delta x = M\Delta y \quad \Leftrightarrow \quad T'_{\bar{z}} (\Delta x, \Delta u) = 0$

Von dem linearen Operator L verlangen wir:

(E7) $\quad$ L besitzt eine beschränkte Inverse L^{-1}

Entsprechend läßt sich $S'_{\bar{z}} : Z \to R$ als Summe zweier auf X bzw. U definierter linearer Funktionale darstellen. Es gibt also $l \in X$ und $g \in U$ mit

(1.10) $\quad S'_{\bar{z}} (\Delta x, \Delta u) = \langle l, \Delta x \rangle_x + \langle g, \Delta u \rangle_u$

Die Normbeschränkung (1.8) für Δz kann man durch eine Normbeschränkung

(1.11) $\quad |\Delta u|_u \leq k''$

für Δu ersetzen: da das zugehörige $\Delta x = L^{-1} M \Delta u$ wegen (E7) beschränkt ist, braucht man k" nur klein genug zu wählen um damit auch $|\Delta z|_z = |\Delta x|_x + |\Delta u|_u \leq k'$ zu bewirken.

Ist Q_u als das von u_{min} und u_{max} aufgespannte Intervall $Q_u := [u_{min}, u_{max}]$ definiert, findet man über

(1.12) $\quad \Delta u_{min} := u_{min} - \bar{u} \; ; \quad \Delta u_{max} := u_{max} - \bar{u}$

sofort $Q_{\Delta u} := [\Delta u_{min}, \Delta u_{max}] \cap$ Kugel (1.11) als Menge zulässiger Steuerungen für das lineare Problem. Wegen (E6) gilt $Q_{\Delta x} := X$.

Dieses lineare Problem kann man nun übersichtlich als Modell

(LA) $\left\{ \begin{array}{ll} (1.13) & L\Delta x = M\Delta u \\ (1.14) & \langle l, \Delta x \rangle_x + \langle g, \Delta u \rangle_u \to \max \\ (1.15) & \Delta u \in Q_{\Delta u} \end{array} \right.$

formulieren. Zu dessen Lösung benötigen wir die Adjungierten der Operatoren L und M, die wir mit L^{ad} bzw. M^{ad} bezeichnen.
Gilt

(E8) L^{ad} besitzt einen beschränkten inversen Operator

dann hat die lineare Gleichung

$$L^{ad}\lambda = 1 \tag{1.16}$$

eine eindeutige Lösung λ; 1 ist hierbei das in (1.10) und (1.14) auftretende Element aus X. Damit kann man das erste Skalarprodukt der Zielfunktion umformen:

$$\langle 1,\Delta x\rangle_x = \langle L^{ad}\lambda,\Delta x\rangle_x = \langle\lambda,L\Delta x\rangle_x = \langle\lambda,M\Delta u\rangle_u = \langle M^{ad}\lambda,\Delta u\rangle_u$$

Man hat also die "Richtung" $1 \in X$ unter Verwendung der Nebenbedingung (1.13) umgerechnet auf die"Richtung" $M^{ad}\lambda$ im Raum U. Addiert man das zweite Skalarprodukt, so ist (LA) reduziert auf die Aufgabe,

(1.17) dasjenige $\Delta u^* \in Q_{\Delta u}$ zu bestimmen, welches
$$\langle M^{ad}\lambda + g,\ \Delta u\rangle_u$$
maximiert.

Wegen der Abgeschlossenheit und Beschränktheit von $Q_{\Delta u}$ existiert ein solches Δu^*. Die Berechnung von Δu^* ist aber nicht trivial, weil $Q_{\Delta u}$ als Durchschnitt zweier Mengen, des Intervalls $[\Delta u_{min},\Delta u_{max}]$ und der Kugel (1.11), gegeben ist. Ein praktikabler Weg ignoriert zunächst das Intervall und ermittelt

$$\Delta\bar{u} := \frac{k''}{|M^{ad}\lambda + g|_u}\,(M^{ad}\lambda + g) \tag{1.18}$$

Anschließend wird mit der bei den Anwendungen in §2 näher erläuterten clipping-technique das $\Delta\bar{u}$ auf $[\Delta u_{min},\Delta u_{max}]$ projiziert. Für das dabei entstandene $\Delta\bar{u}_c$ wird aber i.a. $|\Delta\bar{u}_c|_u < k''$ gelten. Deswegen ist es zwar von der Optimallösung Δu^* von (LA) verschieden, liefert aber jedenfalls einen nichtnegativen Beitrag zum Zielfunktional - und ist einfach zu berechnen.

Bemerkungen

(1) Eine exaktere Näherung an Δu^* erzielt man mit linearer Programmierung wenn $\dim u < \infty$, vergl. §5 oder nach folgendem Schema: man clippt $\frac{k''}{|\Delta\bar{u}_c|_u}\Delta\bar{u}$ nochmals. Dies erübrigt sich aber mit der Parabeltechnik, vergl. Bem. (4)

(2) Wenn (E6) nicht erfüllt ist und eine zusätzliche Restriktion $\Delta x \in Q_{\Delta x} \neq X$ berücksichtigt werden soll, versagt der angegebene Weg zur Lösung des linearen Problems: für dieses Δu^* folgt im allgemeinen $\Delta x^* = L^{-1} M\Delta u^* \notin Q_{\Delta x}$.

(3) Läßt man die Normbeschränkung (1.11) für Δu fallen, so liegt das optimale Δu^* auf dem Rand von $Q_{\Delta u} = [\Delta u_{min}, \Delta u_{max}]$. Mehr noch: Δu^* ist Element jeder Menge $\subset U$, deren konvexe Hülle mit $Q_{\Delta u}$ übereinstimmt. (bang - bang - principle).

Man ermittelt nun nicht zu Δu^* (bzw. zu der gewählten Approximation $\Delta\bar{u}_c$) über $L^{-1}M$ das zugehörige Δx^* und betrachtet $\Delta z^* = (\Delta x^*, \Delta u^*)$ als optimale Korrektur von $\bar{z}$ sondern wählt einen rechentechnisch bedeutend günstigeren Weg: man betrachtet $\bar{\bar{u}} := \bar{u} + \Delta u^*$ als verbesserte Steuerung und berechnet gemäß (E3) das zugehörige $\bar{\bar{x}}$. In $\bar{\bar{z}} = (\bar{\bar{x}}, \bar{\bar{u}}) \in Q_z$ hat man dann eine Nullstelle von T gefunden, welche in der bei der Linearisierung betrachteten lokalen Umgebung von $\bar{z}$ den größtmöglichen Wert von S liefert.

Bemerkung

(4) Gelegentlich ist es numerisch günstiger, mit $\bar{\bar{u}} := \bar{u} + \alpha \cdot \Delta u^*$ als verbesserter Steuerung weiterzuarbeiten. Den Faktor $\alpha \in (0,1]$ bestimmt man mit der sog. Parabeltechnik, [29] S.15

Ein Iterationsschritt dieser iterativen direkten Methode ist nunmehr völlig beschrieben.

Als Abbruchkriterium dient eine ε - Schranke für den jeweils erzielten Wertzuwachs $Sz^{(\nu+1)} - Sz^{(\nu)}$. Die Konvergenz zu einem relativen Maximum des Zielfunktionals ist bewiesen [28]; durch die Wahl verschiedener Startwerte $z^{(o)}$ kann man sich eine gewisse Sicherheit verschaffen, daß das erzielte relative Maximum auch global gilt.

In den §§ 2, 3 und 5 werden nun spezielle Arten von Optimierungsproblemen mit der direkten Methode gelöst. Dort gehen wir dann auf die jeweils spezielle Gestalt der Operatoren sowie auf die Rechenschritte näher ein.

Zum Schluß wollen wir noch auf eine mögliche Abschwächung der Voraussetzungen (E1) und (E2) eingehen. Man kann das eben beschriebene verallgemeinerte Gradientenverfahren auch so formulieren, daß man in X und U keine Skalarprodukte benötigt. X und U müssen lediglich normierte Räume sein. Dann sind l und g Elemente der Dualräume X^{du} bzw. U^{du} und man muß in (1.10) und (1.14) die Skalarprodukte durch $l(\Delta x)$ bzw. $g(\Delta u)$ ersetzen. Beachtet man, daß auch $\lambda \in X^{du}$, läßt sich $l(\Delta x)$ gemäß $l(\Delta x) = (L^{ad}\lambda)(\Delta x) = \lambda(L\Delta x) = \lambda(M\Delta u) = (M^{ad}\lambda)(\Delta u)$ umformen und $M^{ad}\lambda + g \in U^{du}$ ist der verallgemeinerte Gradient. Da aber mit Skalarprodukten die Darstellung übersichtlicher wird und außerdem alle bei den Anwendungen auftretenden linearen Räume sich als Teilräume von Hilberträumen auffassen lassen, halten wir auch weiterhin an (E1) und (E2) fest.

§2 KONTROLLPROZESSE

Die im letzten §en vorgestellte direkte Methode soll zuerst auf mehrdimensionale Kontrollprobleme (bei denen der Operator T durch ein gewöhnliches Differentialgleichungssystem gegeben ist) angewendet werden. Denn zum einen ist diese Klasse von Optimierungsproblemen von großer praktischer Bedeutung, da die Elemente der Räume U und X, die Steuerungen und Zustandsvariablen, als Funktionen der Zeit interpretierbar sind. Zum anderen sind bei diesen Optimierungsproblemen Beziehungen zu Aufgabestellungen der Variationsrechnung am deutlichsten; das Maximumprinzip von PONTRJAGIN ist anwendbar. So werden in §10 hauptsächlich am Beispiel dieser Kontrollprobleme die Zusammenhänge dieses Maximumprinzips mit der direkten Methode aufgezeigt.
Neben der praktischen und theoretischen Bedeutung haben die Kontrollprobleme schließlich den Vorteil, daß sie eine gedanklich einfache Überleitung zu den in §§ 3 und 5 untersuchten Problemen gestatten.

Diesen Kontrollproblemen liegt ein PROZESS genanntes DGLsystem zugrunde, dessen "rechte Seite" von einer m-dimensionalen Steuerung $u : [0,1] \to R^m$ abhängt:

$$(2.1) \qquad \begin{cases} x(t) = a + \int_0^t f(x(s), u(s))\, ds & \text{für} \quad t \in [0,1] \\ \text{mit } f : R^{n+m} \to R^n \text{ stetig und } a \in R^n \end{cases}$$

Dieses System ist als Integralgleichung formuliert, da man als Steuerungen nicht nur stetige, sondern wenigstens stückweise-stetige (manchmal sogar lediglich integrierbare) Funktionen zulassen will.

Somit definieren wir

$$(2.2) \qquad U := \{u | u : [0,1] \to R^m \wedge u \text{ stückweisestetig}\}$$

und erhalten für x stetige Funktionen,
also

(2.3) $X := \{x | x : [0,1] \to R^n \wedge x \text{ stetig}\}$

Bewertet wird der Prozeß durch ein Zielfunktional $\psi : R^n \to R$ der von MAYER in der Variationsrechnung verwendeten Art

(2.4) $\psi(x(1)) \to \sup$

wodurch Zielfunktionale anderer Art miterfaßt sind, vergl. §4.

Außerdem sollen die zur Maximierung von ψ zugelassenen Steuerungen u die durch zwei Schranken u_{min}, $u_{max} \in U$ gegebene Restriktion

(2.5) $u_{min}(t) \leq u(t) \leq u_{max}(t)$, für alle $t \in [0,1]$

erfüllen[3].

Um das mathematische Modell

$$(MK) \quad \begin{cases} (2.1) \\ (2.4) \\ (2.5) \end{cases}$$

nun auch als Optimierungsproblem im Sinne von Def. 1 auffassen zu können, definieren wir zwei Operatoren $T : Z \to X$ und $S : Z \to R$ durch

(2.6) $(Tz)(t) := x(t) - a - \int_0^t f(x(s), u(s))\, ds$

und

(2.7) $Sz := \psi(x(1))$

---

[3] Positivitätskegel dieser Ordnungsrelation im R^n ist der 1. ORTHANT des R^n; das Intervall $[u_{min}(t), u_{max}(t)] \subset R^n$ ist also für alle t ein Quader. Deshalb bezeichnen wir auch die durch (2.5) gegebene Menge $Q_u \subset U$ zulässiger Steuerung als Quader, was bereits durch die verwendeten Symbole angedeutet wurde. Vergl. auch den Anhang.

wobei natürlich $z = (x,u)$ ist.

Setzt man noch $Q_x := X$ so erweist sich dieses spezielle (X, U, Q_x, Q_u, T, S) sofort als Optimierungsproblem im Sinne von Def. 1: Nur (OP_4) ist nicht trivial. Da wir aber (MK) mit der direkten Methode lösen wollen, müssen wir um (E5) zu sichern, fordern, daß alle n Komponenten von f zweimal stetig partiell nach allen n+m Argumenten differenzierbar sind. Unter dieser Voraussetzung existiert aber zu jedem $u \in U$ genau eine stetige Lösung x von (2.1) und auch (OP_4) ist erfüllt.

Vor der Lösung von (MK) mit der direkten Methode müssen wir prüfen, ob die Eigenschaften (E1) bis (E6) erfüllt sind.

Für (E1) fassen wir X als linearen Teilraum des Hilbertraumes $(L^2[0,1])^n$ auf. Somit ist

$$\langle x',x''\rangle_x := \int_0^1 x'(t)^T x''(t)\, dt$$

auch ein Skalarprodukt auf X. Die Ordnung $\leq$ auf X ist natürlich das direkte Produkt der linearen Ordnung in R.

Ähnliches gilt für (E2); wir fassen U als linearen Teilraum des Hilbertraumes $(L^2[0,1])^m$ auf. Damit ist auch U ein reeller, geordneter, unitärer Raum.

Wenn man (2.1) in den Stetigkeitsintervallen des Integranden löst und die endlich vielen einzelnen Lösungskurven stetig aneinander fügt, ist auch (E3) erfüllt.

(E4) und (E6) sind klar; für (E5) muß man noch fordern, daß neben f auch ψ zweimal stetig partiell nach allen Argumenten differenzierbar ist.

Die Linearisierung von (MK)

Ein $\bar{u} \in Q_u$ werde in (2.1) eingesetzt und man erhält mit der Lösung $\bar{x}$ eine Nullstelle $\bar{z} = (\bar{x},\bar{u})$ von T. An der Stelle $\bar{z}$ werden nun die Operatoren T und S linearisiert.

Mit den Abkürzungen $A(t) \in R^{(n,n)}$ und $B(t) \in R^{(n,m)}$ für die von t abhängigen Funktionalmatrizen

$$(2.8) \qquad A(t) := \frac{\partial f_i}{\partial x_j}(\bar{x}(t), \bar{u}(t)), \qquad \begin{array}{l} \text{Zeile } i = 1(1)n \\ \text{Spalte } j = 1(1)n \end{array}$$

und

$$(2.9) \qquad B(t) := \frac{\partial f_i}{\partial u_k}(\bar{x}(t), \bar{u}(t)), \qquad \begin{array}{l} \text{Zeile } i = 1(1)n \\ \text{Spalte } k = 1(1)m \end{array}$$

hat $T'_z\, \Delta z$ die Gestalt

$$(2.10) \qquad (T'_z\, \Delta z)(t) = \Delta x(t) - \int_0^t A(s)\, \Delta x(s)\, ds - \int_0^t B(s)\, \Delta u(s)\, ds$$

Und mit $c \in R^n$ als Abkürzung für den Gradienten

$$(2.11) \qquad c^T := \left(\frac{\partial \psi}{\partial x_1}(\bar{x}(1)), \ldots, \frac{\partial \psi}{\partial x_n}(\bar{x}(1))\right)$$

hat $S'_z\, \Delta z$ die Gestalt

$$(2.12) \qquad S'_z\, \Delta z = c^T \Delta x(1)$$

Das lineare Modell für (MK)

Definieren wir den linearen Operator $L : X \to X$ als

$$(2.13) \qquad (L\Delta x)(t) := \Delta x(t) - \int_0^t A(s)\, \Delta x(s)\, ds$$

und den linearen Operator $M : U \to X$ als

$$(2.14) \qquad (M\Delta u)(t) := \int_0^t B(s)\, \Delta u(s)\, ds\,,$$

so können wir für $T'_z\, \Delta z = 0$ schreiben:

$$(2.14) \qquad L\Delta x = M\Delta u$$

Aus (2.7) und (2.11) ersieht man

$$(2.15) \qquad S_z^! \, \Delta z = c^T \Delta x(1) =$$

$$= c^T \int_0^1 A(s)\, \Delta x(s)\, ds + c^T \int_0^1 B(s)\, \Delta u(s)\, ds$$

$$= \langle 1, \Delta x \rangle_x + \langle g, \Delta u \rangle_u$$

wenn man die Elemente $1 \in X$ und $g \in U$ durch

$$(2.16) \qquad 1(t) := A(t)^T c \quad \text{und} \quad g(t) := B(t)^T \Delta u(t)$$

definiert.

Die Menge zulässiger Steuerungen $Q_{\Delta u}$ für das lineare Problem ergibt sich wie in §1 als Durchschnitt des Quaders $[\Delta u_{min}, \Delta u_{max}]$ und der Kugel um $0 \in U$ mit Radius k"; wobei sich die Schranken Δu_{min}, Δu_{max} wie in (1.12) berechnen. Wegen $Q_x = X$ gilt wieder $Q_{\Delta x} := X$.

Das bei der eben durchgeführten Linearisierung erhaltene Optimierungsproblem (X, U, $Q_{\Delta x}$, $Q_{\Delta u}$, $T_z^!$, $S_z^!$) läßt sich analog zu (LA) aus §1 in einem Modell verdeutlichen:

(LMK)

$$(2.17) \quad \Delta x(t) - \int_0^t A(s)\, \Delta x(s)\, ds = \int_0^t B(s)\, \Delta u(s)\, ds$$

$$(2.18) \quad c^T \int_0^1 A(t)\, \Delta x(t)\, dt + c^T \int_0^1 B(t)\, \Delta x(t)\, dt \to \max$$

$$(2.19) \quad \Delta u \in Q_{\Delta u} := \{\Delta u \mid \Delta u_{min}(t) \le \Delta u(t) \le \Delta u_{max}(t),$$

$$\text{für } t \in [0,1]\} \cap \{\Delta u \mid \; |\Delta u|_u \le k''\}$$

Auch (E7) ist erfüllt: Die VOLTERRAsche Integralgleichung (2.17) hat bei beliebiger rechter Seite eine Lösung Δx da der Kern A stückweise stetig und beschränkt ist. L besitzt somit einen beschränkten inversen Operator.

Die explizite Gestalt der zu L und M adjungierten Operatoren L^{au} und M^{au}

ist in [23] S. 266 durch einfache partielle Integration berechnet, sie bilden ein $v \in X$ ab auf

$$(2.20) \qquad (L^{ad}v)(t) = v(t) - A(t)^T \int_t^1 v(s)\, ds$$

bzw.

$$(2.21) \qquad (M^{ad}v)(t) = B(t)^T \int_t^1 v\,(s)\, ds$$

Auch (E8) ist erfüllt, aus der FREDHOLMschen Alternative folgt, daß L^{ad} einen beschränkten inversen Operator hat. Deshalb hat die Gleichung $L^{ad}\lambda = 1$, ausführlich

$$(2.22) \qquad \lambda(t) - A(t)^T \int_t^1 \lambda(s)\, ds = A(t)^T c$$

oder umgeformt

$$(2.23) \qquad \lambda(t) - A(t)^T \left(\int_t^1 \lambda(s)\, ds + c\right) = 0$$

eine eindeutige Lösung. Deren Berechnung erleichtert sich durch die Substitution

$$(2.24) \qquad \eta(t) := \int_t^1 \lambda(s)\, ds + c \ ,$$

denn damit läßt sich (2.23) als Differentialgleichung

$$(2.25) \qquad \dot{\eta}(t) + A(t)^T \eta(t) = 0 \ ; \quad \eta(1) = a$$

schreiben, deren Lösung (im verallgemeinertem Sinn) man durch stetiges Aneinanderfügen der einzelnen Lösungskurven an den Sprungstellen von A erhält.

In der transformierten Zielfunktion $\langle M^{ad}\lambda + g, \Delta u\rangle_u$ berechnet sich also der verallgemeinerte Gradient zu

$$\begin{aligned}(M^{ad}\lambda + g)(t) &= B(t)^T \int_t^1 \lambda(s)\, ds + B(t)c = \\ &= B(t)^T \left(\int_t^1 \lambda(s)\, ds + c\right) = B(t)^T \eta(t)\end{aligned}$$

Dasjenige $\Delta u^* \in Q_{\Delta u}$, welches $\langle B^T\eta,\Delta u\rangle_u$ maximiert, wird nun wie schon in§1 approximiert, indem man in (2.19) zunächst nur die Kugel berücksichtigt. Nach der SCHWARZschen Ungleichung legt man also $\Delta\bar{u}$ durch

$$(2.26) \qquad \Delta\bar{u}(t) := \frac{k''}{|B^T\eta|_u} B(t)^T \eta(t)$$

fest und projiziert dieses $\Delta\bar{u}$ auf den Quader $[\Delta u_{min},\Delta u_{max}]$, indem man jede der m Komponeten von $\Delta\bar{u}$ für solche t, für die sie die entsprechende Komponente einer der beiden Schranken $\Delta u_{min}(t)$ oder $\Delta u_{max}(t)$ übertrifft, durch diese ersetzt.

Als Ergänzung gehen wir nun noch auf den in Bemerkung (3) angesprochenen Fall ein, bei dem die Norm -Beschränkung für Δu wegfällt und $\Delta u \in Q_{\Delta u} = [\Delta u_{min},\Delta u_{max}]$ als einzige Restriktion bleibt. Das Skalarprodukt $\langle B^T\eta, \Delta u\rangle_u$ nimmt seinen größten Wert auf $Q_{\Delta u}$ in einem Δu^* an, dessen i-te Komponente, i = 1(1)m, für alle $t \in [0,1]$ durch

$$(2.27) \qquad \Delta u^*(t)_i := \begin{cases} \Delta u_{max}(t)_i & \text{falls} \quad (\eta(t)^T B(t))_i > 0 \\ \Delta u_{min}(t)_i & \text{falls} \quad (\eta(t)^T B(t))_i \leq 0 \end{cases}$$

festgelegt wird. Für alle t liegt also $\Delta u^*(t)$ auf jeweils einer Ecke des Quaders $[\Delta u_{min}(t),\Delta u_{max}(t)] \subset R^m$, und bei jedem Nulldurchgang irgendeiner Komponente von $B^T\eta$ "springt" Δu^* auf eine andere Ecke ("bang-bang - principle").

Die Rechenschritte des Lösungsverfahrens

SO : man wählt als Start für die Iteration ein beliebiges $u^{(o)} \in Q_u$. Bezeichnugswechsel $\bar{u} := u^{(o)}$

S1 : Das zu $\bar{u}$ gehörende $\bar{x} \in Q_x = X$ gewinnt man aus (2.1) indem man dieses DGLsystem für die Stetigkeitsintervalle von $\bar{u}$ integriert und die Lösungskurven an den Sprungstellen von $\bar{u}$ stetig zusammenfügt. $\bar{z} = (\bar{x},\bar{u})$ ist Nullstelle von T

S2 : Es wird ein Unterprogramm bereitgestellt, das aus f und $\bar{z}$ für beliebiges Argument t die Funktionalmatrix A(t) berechnet.

S3 : $c = \text{grad}\ \psi(\bar{x}(1))$ wird berechnet.

S4 : Die Lösung η des DGLsystems

$$\dot{\eta}(t) = - A(t)^T \eta(t), \quad \eta(1) = c$$

wird durch Rückwärtsintegration berechnet. (Die Sprungstellen von A sind dieselben wie von $\bar{u}$).
Die in S2 aufgestellte Prozedur kann "vergessen werden".

S5 : Aus f, $\bar{z}$ und η wird $B^T\eta : [0,1] \to R^m$ ermittelt.
η kann vergessen werden.

S6 : Aus u_{min}, u_{max} und $\bar{u}$ wird gemäß (1.12) Δu_{min} und Δu_{max} berechnet.

S7 : Nach (2.26) wird $\Delta\bar{u}$ gebildet und in den in S6 berechneten Quader projiziert. Bei diesem Abschneiden ("to clip") resultiert die Korrektur $\Delta\bar{u}_c$. $\bar{\bar{u}} := \bar{u} + \Delta\bar{u}_c$ ist die verbesserte Steuerung; $\bar{u}$ kann vergessen werden.

S8 : Mit der Umbezeichnung $\bar{u} := \bar{\bar{u}}$ setzt man den Ablauf bei S1 fort.

Ob der erzielte Wertzuwachs der Zielfunktion ein Abbruchkriterium erfüllt, wird am besten zwischen S1 und S2 überprüft. Die in Bemerkung (4) erwähnte Parabeltechnik kann zusätzlich in S7 verwendet werden. Die richtige Wahl des Radius k" der Normkugel in U ist ein Problem der numerischen Mathematik.

Ändern sich Anzahl oder Lage der Unstetigkeitsstellen der Steuerung im Laufe der Iteration?
Man erkennt unschwer, daß A und somit auch η ebenso wie B und damit $B^T\eta$

dieselben Sprungstellen t_ν wie $\bar{u}$ besitzen. Wir unterscheiden nun drei Fälle:

(i) Sind die Schranken u_{min}, u_{max} stetig (bzw. haben sie höchstens dort Sprungstellen, wo auch $\bar{u}$ eine hat) dann hat die Korrektur $\Delta\bar{u}_c$, damit $\bar{\bar{u}}$ und alle weiteren Steuerungen der Folge, dieselben Unstetigkeitsstellen. (Natürlich können sich manche Sprungstellen zufällig auslöschen)

(ii) Sind die Schranken nur stückweisestetig, dann springt $\Delta\bar{u}_c$ und damit auch $\bar{\bar{u}}$ für $t \in \{t_\nu | t_\nu$ Sprungstelle von $\bar{u}\} \cup \{t_\mu | t_\mu$ Sprungstelle von u_{min} oder $u_{max}\}$. Bei den anschließenden Iterationen trifft Fall (i) zu und die Unstetigkeitsstellen vermehren sich nicht.

(iii) Wenn die Normbeschränkung für Δu wegfällt und die optimale Korrektur für $\bar{u}$ durch (2.27) gegeben ist, kommen durch jeden Nulldurchgang einer Komponente von $B^T\eta$ neue Unstetigkeitsstellen hinzu.
(Unbeeinflußbare Vermehrung)

Weitere Einschränkungen für die Steuerungen

Die Invarianz der Sprungstellen in den eben untersuchten Fällen (i) und (ii) läßt vermuten, daß neben der Eigenschaft G_1

$$G_1(u) :\Leftrightarrow u \in U \text{ mit Sprungstellen} \in \{\ldots, t_\nu, \ldots\}$$

auch andere Eigenschaften der Steuerungen bei den Iterationen der direkten Methode invariant bleiben.

Derartige Prädikate G müssen nichteinmal durch $V := \{u \in U | G(u)\}$ einen linearen Teilraum $V \subset U$ festlegen: es genügt, wenn es zu G eine Aussagenform LG gibt, so daß für alle Δu, $\bar{u}$, $\bar{\bar{u}} \in U$ gilt:

(2.28) $$G(\bar{u}) \wedge LG(\Delta u) \Rightarrow G(\bar{u} + \Delta u)$$

und

(2.29) $$G(\bar{\bar{u}}) \wedge G(\bar{u}) \Rightarrow LG(\bar{\bar{u}} - \bar{u})$$

Dann kann man zur Lösung des modifizierten Optimierungsproblems $(X, U, Q_x, Q_u \cap \{u|G(u)\}, T, S)$ vorgehen wie bisher, muß aber die Korrekturen aus dem modifizierten linearen Problem $(X, U, Q_{\Delta x}, Q_{\Delta u} \cap \{\Delta u \in U|LG(\Delta u)\}, T_{\overline{z}}', S_{\overline{z}}')$ berechnen. Wählt man eine Startsteuerung, auf die G zutrifft, dann haben wegen (2,28) auch die verbesserten Steuerungen die Eigenschaft G, während (2.29) sichert, daß die Korrekturen optimal sind.

Bei den folgenden Beispielen ist die Lösung des modifizierten linearen Problems auch praktisch durchführbar, weil man zunächst G und LG ignoriert und wie bisher $B^T\eta$ berechnet und erst dann LG berücksichtigen muß.

B1 : $G(u) :\Leftrightarrow$ u ist Treppenfunktion mit für jede Komponente von u einzeln vorgegebenen Sprungzeiten t_i. Bei diesem Problem gilt G = LG. Wegen seiner großen Bedeutung für die Praxis untersuchen wir dieses Problem gesondert in §3.

B2 : $G(u) :\Leftrightarrow$ u stimmt auf
$M_{fix} := [t_1,t_1'] \cup [t_2,t_2'] \cup \ldots \cup [t_k,t_k'] \subset [0,1]$
mit einem vorgegebenen $u_{fix} \in U$ überein. Hier gilt $LG \neq G$,
$LG(\Delta u) :\Leftrightarrow \Delta u(t) = 0$ für $t \in M_{fix}$.
Auch dieses Problem ist in der Praxis wichtig, da oft aus technischen oder geschäftspolitischen Gründen eine Steuerung auf M festliegt, bzw. die Entscheidung getroffen ist und bei der Optimierung nicht zur Diskussion steht. Insbesondere fallen hierunter die Impulssteuerungen zur Korrektur von Raumfahrzeugen.

Diese "Randbedingungen" für die Steuerungen ließen sich zwar allein durch $u_{min}(t) = u_{max}(t) = u_{fix}(t)$ für $t \in M$ berücksichtigen. Dieser Weg führt aber nicht zum Ziel, wenn man zusätzlich die Stetigkeit oder Differenzierbarkeit von u verlangt.

B3 : G(u) :⇔ u ist SPLINEFUNKTION, d.h. setzt sich aus bis zur zweiten Ableitung stetig aneinander gefügten Stückenvon kubischen Parabeln zusammen, also G = LG. Solche Steuerungen sind glatt und daher besonders bei Bewegungsabläufen geeignet.

Diese Flexibilität der direkten Methode ermöglicht einen weiten Anwendungskreis. Dagegen ist das Maximumprinzip von PONTRJAGIN in der Wahl der Funktionenräume X und U sowie in der Definitionsmöglichkeit von Q_u sehr eingeschränkt, vergl. §§ 7, 9.

Auch genügtehier der RIEMANNsche Integralbegriff. Beim Maximumprinzip von PONTRJAGIN dagegen werden Grenzwerte gebildet und die Existenz einer optimalen Steuerung vorausgesetzt: Die Räume müssen vollständig sein. Die vollständige Hülle der in (2.2) und (2.3) definierten Räume bezüglich der durch das Skalarprodukt

$$\langle v_1, v_2 \rangle_V := \int_0^1 v_1(t)^T v_2(t) \, dt$$

induzierten Normtopologie sind aber die L^2 - Hilberträume, vergl. [61] S. 188, Bem. 1. Deshalb arbeitet dieses Maximumprinzip mit den L^P- Räumen und mit LEBESGUE - Integralen.

§3 TREPPENFUNKTIONEN ALS STEUERUNGEN

Wir wollen hier das gleiche Kontrollproblem wie in §2 behandeln, allerdings sind als Steuerfunktionen nur Treppenfunktionen mit endlich vielen Sprüngen an vorgegebenen Stellen zugelassen.
Natürlich sind solche Treppenfunktionen stückweise stetig und insofern liegt bei diesen mit (MKT) bezeichneten Problemen nicht viel Neues gegenüber Modell (MK) vor.
Die folgenden Untersuchungen bauen demnach auf §2 auf und setzen die dortigen Definitionen voraus.

Diese neue Problemstellung ist von großer Bedeutung für die Praxis:

es ergeben sich wesentliche Vereinfachungen bei der numerischen Lösung von Kontrollproblemen vom Typ (MK), wenn man diese näherungsweise durch Probleme vom Typ (MKT)ersetzt;

eine Reihe von weiteren Kontrollproblemen, die nicht durch (MK) erfaßt werden (z.B. Probleme mit freiem Zeitintervall, zeitoptimale Probleme) können durch (MKT) beschrieben werden (in §4);

man kann bei Problem (MKT) zusätzliche Randbedingungen für die Zustandsvariablen vorschreiben; darauf wird in §6 eingegangen;

schließlich sind bei vielen Aufgabenstellungen der Ökonomik und Technik nur Treppenfunktionen als Steuerungen sinnvoll, möglich oder realisierbar.

Die Treppenfunktionen

Wesentliches Merkmal der zur Steuerung des Prozesses (2.1) bei diesem

Problem (MKT) zugelassenen Treppenfunktionen sind die Sprungstellen. Diese sind von Anfang an für jede Komponente $u_\nu : [0,1] \to R$ der m - dimensionalen Vektorfunktion u einzeln vorgegeben.

Man hat also m Zerlegungen $Z_1, Z_2, \ldots, Z_m$ des Intervalls [0,1] gegeben,

$$Z_\nu = \{t_{\nu o}, t_{\nu 1}, t_{\nu 2}, \ldots, t_{\nu k_\nu}\}$$

$$0 = t_{\nu o} < t_{\nu 1} < \ldots < t_{\nu k_\nu} = 1$$

für $\nu = 1(1)m$ und u_ν soll konstant sein für $t \in [t_{\nu,\mu-1}, t_{\nu\mu})$ und $\mu = 1(1)k_\nu$.

Man sieht sofort, daß

$$U^{tr} := \{u \in U | u \text{ ist eine solche Treppenfunktion}\}$$

ein linearer Teilraum von U ist. Ferner gilt

$$\dim U^{tr} = k_1 + k_2 + \ldots + k_m \tag{3.1}$$

und deswegen $U^{tr} \simeq R^{k_1+\ldots+k_m}$. Diese Isomorphie findet man sofort, wenn eine Basis von U^{tr} festgelegt ist.

Eine orthogonale Basis (bei geeigneter Normierung sogar ein ONS)

$$BS = \{bs_{\nu\mu} | \nu = 1(1)m, \quad \mu = 1(1)k_\nu\}$$

von U^{tr} bilden die IMPULSFUNKTIONEN

$$bs_{\nu\mu} : [0,1] \to R^m \tag{3.2}$$

$$bs_{\nu\mu}(s) = \begin{cases} e_\nu, \text{ der } \nu\text{-te kanonische Einheitsvektor des } R^m, \\ \quad \text{für } t_{\nu,\mu-1} \leq s < t_{\nu\mu} \\ 0 \quad \text{sonst} \end{cases}$$

Damit besitzt jedes $u \in U^{tr}$ eine eindeutige Darstellung als Linearkombination

(3.3) $$u = \sum_{\nu=1}^{m} \sum_{\mu=o}^{k_\nu-1} u_\nu(t_{\nu\mu}) \cdot bs_{\nu\mu}$$

mit den $k_1 + \ldots + k_m$ reellen Koeffizienten $u_\nu(t_{\nu\mu})$.

Umgekehrt wird auch jedem $(k_1 + \ldots + k_m)$-tupel von Koeffizienten, also jedem

(3.4) $$v \in V := R^{k_1+\ldots+k_m}$$

genau ein $u \in U^{tr}$ zugeordnet. Diese Zuordnung bezeichnen wir mit $E: V \to U^{tr}$;der Einbettungsoperator E ist bijektiv, linear und darüberhinaus unitär, $\langle v,\hat{v}\rangle_v = \langle Ev, E\hat{v}\rangle_u$, wenn BS ein ONS ist[4]. E ist daher der gesuchte Isomorphismus unitärer Räume.

Mit diesen Vorbereitungen eröffnen sich zwei Wege, die Problemstellungen (MKT) mit der direkten Methode zu bearbeiten, je nachdem ob die Treppenfunktionsbedingung bereits im Raum der Steuerungen oder erst in den Restriktionen berücksichigt wird.

Berücksichtigung im Raum der Steuerungen

Als Raum der Steuerungen wird $V = R^{k_1+\ldots+k_m}$ verwendet.
(MKT) wird durch $(X, V, Q_x, Q_v, \tilde{T}, S)$ als allgemeines Optimierungsproblem erfaßt.
X, Q_x und S sind bereits aus §2 bekannt, während $\tilde{T} : X \times V \to X$ durch

(3.5) $$\tilde{T}(x,v)(t) := x(t) - a - \int_o^t f(x(s), Ev(s))\, ds$$

definiert ist und Q_v ein achsenparalleler Quader in V ist.

Man zeigt leicht, daß alle in §1 geforderten Eigenschaften (E1)...(E8) erfüllt sind und kann deshalb die allgemeine Theorie aus §1 anwenden.

---

[4] $\langle v,\hat{v}\rangle_v := v^T\hat{v}$ ist das euklidische Skalarprodukt. Wenn E unitär ist, werden Kugeln auf Kugeln abgebildet.

Nach der Linearisierung von $\tilde{T}$ (Kettenregel) und S muß man bei der Lösung der "adjungierten Aufgabe" auch die Adjungierte E^{ad} von E berechnen.

Bei der anschließenden Umformung der Zielfunktion hat man den verallgemeinerten Gradienten direkt auf den endlichdimensionalen Raum V umzurechnen.

Dieser Weg zur Lösung von (MKT) ist in [1] ausführlich dargestellt und dort auch mit konkreten Beispielen veranschaulicht.

Berücksichtigung in den Restriktionen

Man greift die im letzten Teil von §2 formulierten Gedanken wieder auf und betrachtet (MKT) als das Optimierungsproblem $(X,U,X,Q_u \cap U^{tr},T,S)$. Es handelt sich dann um ein Problem mit denselben Räumen und Operatoren wie in§2; insbesondere ist der Raum der Steuerungen unendlichdimensional. Die Bedingung, daß nur Treppenfunktionen zur Optimierung zugelassen sind, ist in der modifizierten Menge zulässiger Steuerungen, hier $Q_u \cap U^{tr}$, berücksichtigt. Diese Modifikation kann zunächst ignoriert werden: die Berechnung von $B^T\eta$ als verallgemeinerten Gradienten auf U haben wir in §2 bereits durchgeführt. Und erst jetzt müssen wir die Restriktion berücksichtigen:

(3.6) gesucht ist dasjenige $\Delta u^* \in Q_{\Delta u} \cap U^{tr}$, das $\langle B^T\eta, \Delta u\rangle_u$ maximiert.

Eine einfache Rechnung führt zum Ergebnis:

$$\langle B^T\eta, \Delta u\rangle_u = \int_0^1 \sum_{\nu=1}^{m} (B(s)^T\eta(s))_\nu \cdot \Delta u(s)_\nu \, ds =$$

$$= \sum_{\nu=1}^{m} \int_0^1 (B(s)^T \eta(s))_\nu \cdot \Delta u(s)_\nu \, ds =$$

da die ν-te Komponente $\Delta u(s)_\nu$ von $\Delta u(s)$ auf $[t_{\nu,\mu-1}, t_{\nu\mu})$ für $\mu = 1(1)k_\nu$ konstant ist; dieser Wert sei mit $\Delta u_{\nu\mu}$ bezeichnet

$$= \sum_{\nu=1}^{m} \sum_{\mu=1}^{k_\nu} \Delta u_{\nu\mu} \cdot \underbrace{\int_{t_{\nu,\mu-1}}^{t_{\nu\mu}} (B(s)^T \eta(s))_\nu \, ds}_{w_{\nu\mu} :=}$$

Wie sind nun die Werte $\Delta u_{\nu\mu}$ der Korrektur Δu zu wählen, damit die Summe

(3.7) $$\sum_{\nu,\mu} \Delta u_{\nu\mu} \cdot w_{\nu\mu}$$

möglichst groß wird ?

Dazu muß $Q_{\Delta u}$ beachtet werden. Wir gehen dabei wieder so vor, daß wir zuerst die Normbeschränkung berücksichtigen, die durch die Linearisierung von T und S bedingt ist. Es handelt sich also um eine Kugel in U,

(3.8) $$\int_0^1 \Delta u(s)^T \, \Delta u(s) \, ds \le k''^2$$

nicht aber um die euklidische Kugel

(3.9) $$\left(\sum_{\nu,\mu} \Delta u_{\nu\mu}^2 \right)^{\frac{1}{2}} \le k''$$

im $R^{k_1+\ldots+k_m}$! Deshalb hat man

(3.10) $$\Delta u_{\nu\mu} := \frac{\gamma}{t_{\nu\mu} - t_{\nu,\mu-1}} \cdot w_{\nu\mu}$$

zu wählen, mit γ als aus k" berechneten Normierungsfaktor. Anschließend kann man die durch (3.10) festgelegte Korrektur in den Quader projizieren (clipping - technique).

Die Rechenschritte für (MKT)

Die Speicherung der Steuerungen vereinfacht sich gegenüber §2 wesentlich. In Programmierungssprachen mit Listen wie EULER genügen $k_1+\ldots+k_m$

Speicherplätze, während bei ALGOL etc. die Steuerungen in einer Matrix mit m Zeilen und $\max\{k_1, \ldots , k_m\}$ Spalten Platz finden. Gleiches gilt für die Schranken u_{max}, Δu_{max}, ... Außerdem braucht man im Gegensatz zu §2 keine Interpolationsprozedur bereitstellen, die dort für beliebiges t den Steuerungsvektor u(t) aus den gespeicherten Stützstellen berechnet hatte.

S0 : Als Start für die Iteration wählt man eine beliebige Steuerung aus $Q_u \cap U^{tr}$ und bezeichnet diese Treppenfunktion mit $\bar{u}$

S1 : Das zugehörige $\bar{x}$ gewinnt man aus (2.1) indem man dieses DGL-system für die Intervalle, in denen $\bar{u}$ konstant ist, integriert und die Lösungskurven an den Sprungstellen von $\bar{u}$ stetig zusammenfügt. $\bar{z} = (\bar{x},\bar{u})$ ist Nullstelle von T.

S2 : Es werden zwei Unterprogramme bereitgestellt, die aus f und $\bar{z}$ für beliebiges Argument t die Funktionalmatrizen A(t) und B(t) berechnen.
$c := \operatorname{grad} \psi(\bar{x}(1))$ wird gespeichert.

S3 : Abweichend von unserem Vorgehen in §2 hat sich für (MKT) die folgende Technik numerisch sehr bewährt: wir integrieren das System von $2 \cdot n + m$ Differentialgleichungen

$$\dot{x}(t) = f(x(t), \bar{u}(t)), \quad x(1) := \bar{x}(1)$$
$$\dot{\eta}(t) = - A(t)^T \eta(t), \quad \eta(1) := c$$
$$\dot{y}(t) = - B(t)^T \eta(t), \quad y(1) := 0$$

(rückwärts) von t = 1 bis t = 0, indem wir wie in S1 die Lösungen des Systems an den Sprungstellen von $\bar{u}$ stetig aneinanderfügen.

S4 : An den Lösungskurven $y_j(t)$ der letzten m Differentialgleichungen können wir die Werte der Integrale

$$w_{\nu\mu} = \int_{t_{\nu,\mu-1}}^{t_{\nu\mu}} (B(s)^T \eta(s))_\nu \, ds$$

ablesen als

$$w_{\nu\mu} = y_\nu(t_{\nu\mu}) - y_\nu(t_{\nu,\mu-1})$$

und damit liegt über (3.10) die optimale Korrektur fest, die anschließend noch in den Quader $Q_{\Delta u}$ projiziert wird.

S5 : Mit der verbesserten Steuerung setzen wir die Iterationen bei S1 fort.

§4 PROBLEMTRANSFORMATIONEN

In den §§ 2 und 3 waren die Optimierungsprobleme durch einen Prozeß gekennzeichnet und die Elemente $x \in X$ und $u \in U$ waren Funktionen der Zeit. Zur Beschreibung des Prozesses beschänkten wir uns auf ein DGLsystem, das sehr spezielle Besonderheiten zeigt: als Zeitintervall wurde $[0,1]$ gewählt, f wurde als autonom vorausgesetzt. Auch das Zielfunktional war sehr speziell nur von $x(1)$ abhängig. Wir wollen nun sehen, daß dadurch etwas modifizierte Probleme nicht ausgeschlossen sind. Dazu geben wir geeignete Transformationen an.
Zum Schluß befassen wir uns noch mit der für die Praxis so bedeutsamen Synthese optimaler Steuerungen. Wenn es sich auch bei dem hier angegebenen Weg zur Darstellung der optimalen Steuerung in einem geschlossenen Regelkreis nicht um eine Problemtransformation handelt, so gehört die Behandlung der Synthese doch zu den ergänzenden und abschließenden Bemerkungen zu den §§ 2 und 3.

I. Zeitskalierung

Ist der Prozeß statt auf $[0,1]$ auf $[\tau_0, \tau_1]$ definiert:

$$(4.1) \qquad x(\tau) = a + \int_{\tau_0}^{\tau} f(x(s), u(s))\, ds, \qquad \tau \in [\tau_0, \tau_1]$$

braucht man nur mit der bijektiven Skalierung sk

$$(4.2) \qquad sk : [0,1] \to [\tau_0, \tau_1], \quad t \mapsto \tau = \tau_0 + (\tau_1 - \tau_0) \cdot t,$$

mit der ZEITTRANSFORMATIONSKONSTANTEN $(\tau_1 - \tau_0)$, neue Funktionen $\hat{x}$ und $\hat{u}$ auf $[0,1]$ durch

$$(4.3) \qquad \begin{aligned} \hat{x}(t) &:= x(sk(t)) \\ \hat{u}(t) &:= u(sk(t)) \end{aligned}$$

einzuführen. Anschließend löst man das Optimierungsproblem mit dem Prozeß

$$(4.4)\qquad \hat{x}(t) = a + (\tau_1 - \tau_o)\cdot\int_o^t f(\hat{x}(s), \hat{u}(s))\,ds, \qquad t\in[0,1]$$

Die optimale Steuerung $\hat{u}^*$ dafür legt mit

$$\hat{u}^*(\tau) := \hat{u}^*(sk^{-1}(\tau))$$

die optimale Steuerung u^* für das Ausgangsproblem fest.

II. f autonom machen

Ist der gegebene Prozeß

$$(4.5)\qquad x(t) = a + \int_o^t f(x(s), u(s), s)\,ds, \qquad t\in[0,1]$$

nicht autonom, fügt man den Zustandsvariablen eine (n+1)-te Komponente mit $x_{n+1}(s) = s$ hinzu. Das ERWEITERTE SYSTEM

$$(4.6)\qquad \begin{cases} x_i(t) = a_i + \int_o^t f_i(x(s), u(s), x_{n+1}(s))\,ds \\ x_{n+1}(t) = 0 + \int_o^t 1\,ds \end{cases} \qquad \text{für } i = 1(1)n$$

ist dann autonom.

III. andere Zielfunktionen

Ist die Zielfunktion nicht ein nur vom Endzustand x(1) abhängiges Funktional ψ, wie es MAYER in der Variationsrechnung untersuchte, sondern von der LAGRANGEschen Form

$$(4.7)\qquad \int_o^1 g(x(s), u(s))\,ds$$

erweitern wir wieder das System und fügen ihm die (n+1)-te DGL

$$(4.8)\qquad x_{n+1}(t) = 0 + \int_o^t g(x(s), u(s))\,ds$$

hinzu. Mit $\psi\begin{pmatrix} x(1) \\ x_{n+1}(1) \end{pmatrix} := x_{n+1}(1)$ hat die Zielfunktion die gewünschte Gestalt.

Mit I und II sind dann auch Zielfunktionale der von BOLZA angegebenen Art

$$\psi(x(\tau_1), u(\tau_1), \tau_1) + \int_{\tau_o}^{\tau_1} g(x(s), u(s), s)\, ds \tag{4.9}$$

erfaßt.

IV. Probleme mit freiem Intervallende

Viele Optimierungsprobleme, bei denen der Zusammenhang zwischen den Steuerungen und den Zustandsvariablen durch einen (in der Zeit ablaufenden) Prozeß beschrieben wird, haben keinen festen Endzeitpunkt vorgegeben, bei dem der Prozeß als beendet angesehen wird.
Vielmehr wird der zeitliche Ablauf des Prozesses bis zu einem nicht vorher festgelegten Zeitpunkt $t_e \in [t_o, \infty)$ beobachtet.
Solche PROBLEME MIT FREIEM INTERVALLENDE sind natürlich nur sinnvoll, wenn Randbedingungen für die Zustandsvariablen gegeben sind. Es ist also ein ZIELGEBIET $ZG \subset R^n$ vorgegeben und jede Steuerung $\bar{u}$ und ihre zugehörige TRAJEKTORIE $\bar{x}$ werden bis zu einem Zeitpunkt $\bar{t}_e$ betrachtet, für den $\bar{x}(\bar{t}_e) \in ZG$ gilt.

Welche Eigenschaften kennzeichnen die gesuchte optimale Steuerung für dieses Problem?
Dazu gibt es zwei Möglichkeiten:

(i) Das ZEITOPTIMALE PROBLEM: die optimale Steuerung u^* ist diejenige Steuerung, die (unter Beachtung der üblichen Restriktionen) ihre Trajektorie x^* zum frühest möglichen Zeitpunkt t_e^* in das Zielgebiet ZG übergeführt hat.

(ii) Es soll ein Zielfunktional $\psi(x(t_e))$ maximiert werden:

u^* optimal $:\Leftrightarrow \psi(x^*(t_e^*)) \geq \psi(\overline{x}(\overline{t}_e))$ für alle zulässigen Steuerungen $\overline{u}$.

Beide Aufgabenstellungen werden durch ein Zielfunktional der Art

(4.10) $\Xi(x(t_e), t_e)$

erfaßt.

Für die Praxis sind Aufgabenstellungen dieser Art nur interessant, wenn für t_e eine (genügend große) obere Schranke t_1 gegeben ist. Dann brauchen wir auch nicht die verwendeten Funktionenräume zu ändern: es liegt das kompakte Zeitintervall $[t_o, t_1]$ zugrunde, wenn auch die Steuerungen $\overline{u}$ und Trajektorien nur bis zu Zeitpunkten $\overline{t}_e \in [t_o, t_1]$ mit $\overline{x}(t_e) \in ZG$ interessieren.

Vor der Beantwortung von Existenzfragen steht demnach die Untersuchung des Prozesses auf CONTROLLABILITY, d.h. man prüft, ob es überhaupt eine Steuerung gibt, die ihre Trajektorie innerhalb einer gegebenen Zeitspanne in das Zielgebiet überführt.
Kriterien entnehme man [2].

V. Festzeitproblem als Problem mit freiem Intervallende

Jedes Problem mit vergebenem Intervallende läßt sich als solches mit freiem behandeln [10].

Dazu erweitert man das System

(4.11) $x(t) = a + \int_o^t f(x(s), u(s))\, ds, \qquad t \in [0,1]$

um eine Komponente $x_{n+1}(t) = t$, die der Gleichung

$$x_{n+1}(t) = \int_0^t 1\,ds$$

genügt und schreibt außerdem durch ein geeignetes Zielgebiet (hier ist ZG eine Hyperebene im R^{n+1}) die Randbedingung

(4.12) $$x_{n+1}(t_e) = 1$$

vor. Es kann nun optimiert werden, als ob die feste Endzeit 1 nicht vorgegeben wäre, weil (4.12) bewirkt, daß bei der Suche nach der optimalen Steuerung genau das Intervall [0,1] berücksichtigt wird.

VI. Problem mit freiem Intervallende als Festzeitproblem

Probleme vom Typ (MK) mit freiem Intervallende lassen sich nur in besonderen Fällen als Festzeitproblem (dann mit Randbedingungen für die Zustandsvariablen) vom Typ (MK) auffassen, vergl. [10]. Wie aber in §3 bereits angedeutet wurde, kann man jedes Problem mit freiem Intervallende so transformieren, daß ein Kontrollproblem vom Typ (MKT) bzw. ein gemischtes Problem mit festem Intervall resultiert.

Gegeben ist also ein Prozeß,

(4.13) $$x(\tau) = a + \int_{\tau_o}^{\tau} f(x(s), u(s))\,ds$$

der bis zu einem $\tau_e \in [\tau_o, \tau_1]$ mit $x(\tau_e) \in ZG$ betrachtet wird. Ähnlich wie in (4.2) nehmen wir eine bijektive Zeitransformation tr vor,

(4.14) $$tr : [0,1] \to [\tau_o, \tau_e], \quad t \to \tau = \tau_o + (\tau_e - \tau_o) \cdot t$$

deren Zeittransformationskonstante $(\tau_e - \tau_o)$ nicht vorgegeben ist, sondern in Form einer (m+1)-ten Steuervariablen, die überall konstant ist, bei der Optimierung erst bestimmt wird.

Analog zu (4.3) führen wir neue Funktionen

(4.15)
$$\hat{x}(t) := x(tr(t))$$
$$\hat{u}(t) := u(tr(t))$$

auf $[0,1]$ ein und erhalten damit den Festzeitprozeß

(4.16)
$$\begin{cases} \hat{x}_i(t) = a_i + \int_0^t f_i(\hat{x}(s), \hat{u}(s)) \cdot \hat{u}_{m+1}(s)\, ds \qquad \text{für } i = 1(1)n \\ \hat{x}_{n+1}(t) = 0 + \int_0^t \hat{u}_{m+1}(s)\, ds \\ \text{für } t \in [0,1] \quad \text{und} \quad \hat{u}_{m+1} \equiv \text{const.} \end{cases}$$

Die Zeittransformationskonstante $(\tau_e - \tau_o)$ wird also durch $\hat{u}_{m+1}$ bestimmt. Diese (m+1)-te Komponente der Steuervariablen muß also auf $[0,1]$ konstant sein und einen Wert aus $[0,\tau_1]$ annehmen. Es handelt sich demnach um ein GEMISCHTES PROBLEM, daß sich aber mit der in §3 angegebenen Technik lösen läßt (nur $\hat{u}_{m+1}$ ist Treppenfunktion).

Statt der ursprünglichen Zielfunktion (4.10) ist

(4.17) $\quad \Xi(\hat{x}(1), \hat{x}_{n+1}(1))$

zu maximieren.

Wie man die Randbedingung $\hat{x}(1) \in ZG$ berücksichtigt, werden wir in §6 sehen.

VII. Synthese

Bisher sahen wir ein durch einen in der Zeit ablaufenden Prozeß charakterisiertes Optimierungsproblem als gelöst an, wenn die optimale Steuerung u^* als eine Funktion der Zeit berechnet vorlag. Setzt man das errechnete u^* in das reale Problem der Praxis um und steuert die chemische Reaktion, die Triebwerke eines Verkehrsflugzeuges oder einen

Vorgang der Ökonomik ohne weitere Beobachtung, Überwachung und Rückeinflußnahme des tatsächlichen Zustandes des Systems, wird man das gewünschte Ziel nicht erreichen. Denn,

(a) die Funktion f beschreibt meist nur angenähert den Mechanismus des realen Vorganges,

(b) Störungen, die nicht im mathematischen Modell berücksichtigt werden können, beeinflussen den Ablauf des realen Prozesses.

Hinzu kommt, daß

(c) technisch bedingte Ungenauigkeiten bei der Umsetzung der mathematischen Steuerung in die Praxis unvermeidbar

sind.

In der Praxis wird deshalb der tatsächliche Zustand des Systems bald von der berechneten Trajektorie x^* abweichen. Dann ist der Prozeß natürlich nicht optimal gesteuert: die Prozeßsteuerung im offenen Kreis (OPEN LOOP) bewährt sich nicht.

Schon seit der Antike[5] sind dem Menschen die Vorteile eines geschlossenen Regelkreises (CLOSED LOOP) bekannt: ein richtig rückgekoppelter Kreis wirkt selbstkorrigierend und gleicht unberücksichtigte oder zufällige Irregularitäten und Störungen weitgehend aus.

Beispiele einfachster Art solcher FEEDBACK CONTROLLER, die eine Funk-

---

[5] Die älteste uns bekannte Verwirklichung eines geschlossenen Regelkreises ist die Wasseruhr des griechischen Mechanikers KTESIBIOS aus dem 3.Jhdt.v.Chr. Der Thermostat wurde im 17. Jhdt. von dem Holländer CORNELIUS DREBBEL erfunden. Auf einen Hinweis von FRANCIS BACON baute der in England lebende DREBBEL eine Apparatur, bei der sich mit der Temperatur ausdehnender Akohol die Luftklappe eines Ofens schließt. Beabsichtigter Verwendungszweck: in der Alchimie zur Herstellung von Gold [52].

tion des Zustandes des Systems sind, hat man im Thermostat, in den Ss - Politiken zur optimalen Lagerhaltung (bekannt als "Zwei - Fässer - Theorie") und in vielen physiologischen und biologischen Vorgängen. So wird etwa die Steuerung der Sprechorgane ständig beeinflußt durch die vom Gehörsinn gelieferte Information über die tatsächliche akustische Gestalt der im Kehlkopf produzierten Laute.

So wird es eine für die Praxis äußerst wichtige Aufgabe sein, die optimale Steuerung nicht als Funktion allein der Zeit, sondern als Funktion des Zustandes (bzw. des bisherigen Verlaufes der Trajektorie und der Zeit) darzustellen.

Diese SYNTHESE ist analytisch mit Hilfe der RICCATIschen DGL für Kontrollprobleme mit linearem Prozeß und quadratischer Zielfunktion gelöst [2,4].

Für allgemeinere Probleme gibt es auch eine andere Möglichkeit zur Simulation eines geschlossenen Regelkreises, wenn nur open-loop-controller berechnet werden können: LEE & MARKUS [2] p. 423

> "One technique for obtaining a feedback controller synthesis from knowledge of open-loop controllers is to measure the current control process state and then compute very rapidly for the open-loop control function. The first portion of this function is then used during a short time interval, after which a new measurement of the process state is made and a new open-loop control funktion is computed for this new measurement. The procedure is then repeated. In this way external disturbances and other unknowns are taken into account in much the same way as is done by a feedback controller".

Besser ist es,dieses "short time interval" nicht starr zu wählen, sondern eine neue Rechnung immer dann durchzuführen, wenn die errechnete Trajektorie $x^*(t)$ vom tatsächlichen Zustand um mehr als ein vertretbares Maß abweicht.

Bei diesen Techniken ist die direkte Methode vorteilhaft, da als Startsteuerung für die im Laufe der Zeit nötigen Rechnungen immer der entsprechende Teil der zuletzt als optimal errechneten Steuerung zur Verfügung steht und nur wenige Nachiterationen durchgeführt werden müssen.

§5 DISKRETE STUFENPROZESSE

Bei vielen Optimierungsproblemen in Funktionenräumen sind die Steuerungen und die Zustandsvariablen keine Funktionen der (kontinuierlichen) Zeit und der Zusammenhang zwischen beiden läßt sich nicht wie in den §§ 2, 3, 4 durch ein DGLsystem beschreiben. Besonders Aufgabenstellungen der Unternehmensforschung führen auf mehrdimensionale STUFENPROZESSE.

Dann sind mit 0, 1, ... , k numerierte Stufen gegeben und der Zustand des Systems auf der i-ten Stufe ist eine Funktion des Zustandes auf der (i-1)-ten Stufe und der dort getroffenen ENTSCHEIDUNG.

Diese diskreten Stufenprozesse verlangen somit eine eigene Terminologie. Sie bilden auch das Ausgangs- und Standardproblem der dynamischen Optimierung von BELLMAN, vergl. GESSNER und WACKER [1] und [33,35].

Wir können diese Aufgabenstellungen aber auch mit der direkten Methode lösen, die sich besonders dann empfiehlt, wenn bei Problemen mit großer Dimension der Rechenaufwand bei der dynamischen Programmierung zu groß wird. Deshalb knüpfen wir hier unmittelbar an §1 an und "vergessen" alle in den §§ 2, 3 und 4 eingeführten Bezeichnungen. Trotzdem ergeben sich viele Parallelitäten zu §2 da die Übergänge von einer Stufe zur nächsten als zeitliche Abfolge interpretiert werden können. Dazu stellt man sich vor, die Zeit sei nicht mehr kontinuierlich, sondern nehme nur die diskreten Werte 0, 1, ... , k an.

Folgt man diesem Gedanken, dann sind die Steuerungen, die hier auch POLITIK genannt werden, Abbildungen[6]

(5.1) $u : \{0, 1, \dots , k-1\} \to R^m$

---

[6] auf der letzten, k-ten Stufe wird keine Entscheidung mehr getroffen.

wobei $u(i) \in R^m$ die ENTSCHEIDUNG auf der i-ten Stufe der Politik u darstellt. Ebenso sind die Zustandsvariablen x Abbildungen:

(5.2) $\qquad x : \{0, 1, \ldots , k\} \to R^n$

Demnach werden die Räume durch

(5.3) $\qquad U := R^{km} , \qquad\qquad X := R^{(k+1)n}$

definiert[7].

Der STUFENPROZESS

$$(5.4) \qquad \begin{cases} x(0) = a \\ x(i+1) = f^i(x(i), u(i)) \\ \qquad\qquad \text{für } i = 0(1)k-1 \end{cases}$$

wird durch den Anfangszustand $a \in R^n$ und die Zustandsübergangsfunktion

(5.5) $\qquad f^i : R^{n+m} \to R^n , \qquad\qquad i = 0(1)k-1$

festgelegt.

Bewertet wird dieser Prozeß durch eine Zielfunktion ψ , die nur vom Endzustand abhängt:

(5.6) $\qquad \psi(x(k)) \to \sup$

---

7 eigentlich gilt in (5.3) statt der Identität nur die Isomorphie. Einer der möglichen Isomorphismen ordnet jeder Abbildung u den Vektor mit den Komponenten

$$u(0)_1, u(0)_2, \ldots, u(0)_m, u(1)_1, \ldots, u(1)_m, \ldots \ldots u(k-1)_m$$

zu. Unsere Terminologie soll die zeitliche Abfolge der Stufenübergänge symbolisieren. In Programmen für Digitalrechner wird man die Politik u ohnehin anders darstellen: als Matrix mit den Spaltenvektoren $u(i)$.

Die Restriktionen sind wiederum durch Quader (Intervalle, vergl. Anhang) gegeben. Während die Menge zulässiger Politiken durch zwei Schranken

(5.7) $\quad Q_u := [u_{min}, u_{max}]$

gekennzeichnet ist soll aber zunächst $Q_x := X$ gesetzt werden: Beschränkungen für die Zustandsvariablen werden wir in §6 behandeln.

Um das mathematische Modell dieses mehrdimensionalen diskreten Problems

$$\text{(MD)} \quad \begin{cases} (5.4) \\ u \in Q_u \\ (5.6) \end{cases}$$

auch als Optimierungsproblem im Sinne von Def. 1 auffassen zu können, definieren wir die beiden Operatoren $T : Z \to X$ und $S : Z \to R$ durch

$$(5.8) \qquad (Tz)(i) := \begin{cases} x(i) - a & \text{falls } i = 0, \\ x(i) - f^{i-1}(x(i-1), u(i-1)) & \text{für } i = 1(1)k \end{cases}$$

und

(5.9) $\quad Sz := \psi(x(k))$

wobei natürlich $Z = X \times U$ und $z = (x,u)$ gilt.

Das Tupel (X, U, Q_x, Q_u, T, S) erweist sich nun sofort als Optimierungsproblem im Sinn von Def. 1 : alle Axiome sind klar erfüllt, sogar (OP_4) sieht man leicht ein; zu jeder Politik $\bar{u}$ errechnen sich aus (5.4) leicht der Reihe nach eindeutigbestimmte Zustände $\bar{x}(i)$.

Bevor wir dieses Optimierungsproblem mit der direkten Methode angehen, überzeugen wir uns, daß auch die für diese Technik nötigen Voraussetzungen (E1) ... (E6) erfüllt sind.

Für (E1) und (E2) versehen wir die Räume X und U mit dem euklidischen Skalarprodukt. Als Ordnung wählt man, wie im Anhang beschrieben, die komponentenweise. (E3) und (E4) sind klar. Um (E5) zu sichern, verlangen wir, daß alle Funktionen f^i , $i = 0(1)k-1$ und ψ zweimal stetig partiell nach allen Argumenten differenzierbar sind.

Dann existieren die ersten und zweiten FRECHET-Ableitungen von T und S . Da wir Probleme mit Beschränkungen für die Zustandsvariablen erst in §6 untersuchen, ist jetzt (E6) erfüllt.

Die Linearisierung von (MD)

eine beliebige Politik $\bar{u} \in Q_u$ werde in (5.4) eingesetzt und man erhält der Reihe nach die Vektoren $\bar{x}(i) \in R^n$. Sie legen $\bar{x}$ und damit eine Nullstelle $\bar{z} = (\bar{x},\bar{u}) \in R^{(k+1)n+km}$ von T fest. An der Stelle $\bar{z}$ werden nun die Operatoren T und S linearisiert.

Die k Funktionalmatrizen A(i) und B(i) , $i = 0(1)k-1$ werden ähnlich zu (2.8) und (2.9) durch

$$(5.10) \qquad A(i) := \frac{\partial f^i_\nu}{\partial x_\mu}(\bar{x}(i), \bar{u}(i)) \qquad \begin{array}{ll} \text{Zeile} & \nu = 1(1)n \\ \text{Spalte} & \mu = 1(1)n \end{array}$$

und

$$(5.11) \qquad B(i) := \frac{\partial f_\nu}{\partial u_\xi}(\bar{x}(i), \bar{u}(i)) \qquad \begin{array}{ll} \text{Zeile} & \nu = 1(1)n \\ \text{Spalte} & \xi = 1(1)m \end{array}$$

definiert. Damit ist $T'_{\bar{z}}$ durch

$$(5.12) \qquad (T'_{\bar{z}}\, \Delta z)(i) = \begin{cases} \Delta x(i) & \text{falls } i = 0 \\ \Delta x(i) - A(i-1)\Delta x(i-1) - B(i-1)\Delta u(i-1) & \\ \qquad \text{für } i = 1(1)k & \end{cases}$$

festgelegt. Mit dem Gradienten des Zielfunktionals

$$(5.13) \qquad c := (\operatorname{grad} \psi)(\overline{x}(k))$$

an der Stelle $\overline{x}(k)$ hat man $S_{\overline{z}}'$ in der Gestalt

$$(5.14) \qquad S_{\overline{z}}' \, \Delta z = c^T \, \Delta x(k) .$$

<u>Das lineare Modell für (MD)</u>

Damit ist es einfach, das lineare Problem auf die Gestalt von (LA), vergl.(1.13) ... (1.15) in §1, zu bringen:

$$(5.15) \quad \begin{cases} T_{\overline{z}}' \, \Delta z = 0 \Leftrightarrow L\Delta x = M\Delta u \quad \text{da} \\ (L\Delta x)(i) := \begin{cases} \Delta x(i) & \text{falls} \quad i = 0 \\ \Delta x(i) - A(i-1)\Delta x(i-1) & \text{für} \quad i = 1(1)k \end{cases} \\ \\ (M\Delta u)(i) := \begin{cases} 0 & \text{falls} \quad i = 0 \\ B(i-1)\Delta u(i-1) & \text{für} \quad i = 1(1)k \end{cases} \end{cases}$$

Auch $c^T \Delta x(k)$ läßt sich mit der Hilfsvariablen $l \in X$

$$(5.16) \qquad l(i) := \begin{cases} 0 & \text{für} \quad i = 0(1)k-1 \\ c & \text{falls } i = k \end{cases}$$

als Skalarprodukt $\langle l, \Delta x \rangle_X$ schreiben und berechnet man $Q_{\Delta u}$ wie in (1.12) dann hat man das lineare Problem in der Form

$$(\text{LMD}) \quad \begin{cases} L\Delta x = M\Delta u \\ \langle l, \Delta x \rangle_X + \langle 0, \Delta u \rangle_U \to \max \\ \Delta u \in Q_u \end{cases}$$

die nötig ist, um das Skalarprodukt der Zielfunktion mit Hilfe der adjungierten Abbildungen umformen zu können.

Zuvor prüfen wir noch, ob auch die letzten beiden Voraussetzungen (E7) und (E8) erfüllt sind. Aus der Definition von L in (5.15) erkennt man, daß sich bei einem Gleichungssystem $L\Delta x = r$ für beliebige rechte Seite $r \in X$ der Reihe nach $\Delta x(0) = r(0)$; $\Delta x(1) = A(0)\Delta x(0) + r(1)$; ... ; $\Delta x(k) = A(k-1)\Delta x(k-1) + r(k)$ eindeutig berechnen. L besitzt also eine Inverse, die natürlich beschränkt ist. Analog dazu sieht man, daß auch die zu L adjungierte Abbildung L^{ad}, die wir jetzt berechnen werden, eine beschränkte Inverse besitzt.

Das Bild $L^{ad}\lambda$ von $\lambda \in X$ errechnet sich aus

$$\langle Lx,\lambda\rangle_x = x(0)^T \lambda(0) + \sum_{i=1}^{k} (x(i) - A(i-1)x(i-1))^T \lambda(i)$$

$$= \sum_{i=o}^{k-1} x(i)^T (\lambda(i) - A(i)^T \lambda(i+1)) + x(k)^T \lambda(k)$$

$$= \langle x, L^{ad} \lambda\rangle_x$$

zu

$$(5.17) \qquad (L^{ad}\lambda)(i) = \begin{cases} \lambda(k) & \text{falls} \quad i = k \\ \lambda(i) - A(i)^T \lambda(i+1) & \text{für} \quad i = k-1(-1)0 \end{cases}$$

Ebenso erhält man für die Adjungierte von M

$$(5.18) \qquad (M^{ad}\lambda)(i) = B(i)^T \lambda(i) \qquad \text{für } i = 0(1)\, k-1$$

Die Gleichung (1.16) $L^{ad}\lambda = 1$ lautet dann ausführlich

$$(5.19) \qquad \begin{aligned} &\lambda(k) = c \\ &\lambda(i) - A(i)^T \lambda(i+1) \qquad \text{für} \quad i = k-1(-1)0 \end{aligned}$$

und liefert eine rekursive Berechnungsvorschrift für die eindeutige Lösung λ

Da g das Nullelement von U ist, erhält man für die transformierte Zielfunktion

$$(5.20) \qquad \langle 1, \Delta x\rangle_x + \langle g, \Delta u\rangle_u = \langle B^T\lambda, \Delta u\rangle_u = \sum_{i=o}^{k-1} (B(i)^T \lambda(i))^T \Delta u(i)$$

Wie üblich wählen wir zunächst

$$(5.21) \qquad \Delta\bar{u} := \gamma \cdot B^T\lambda \qquad \text{mit} \quad \gamma = \frac{k''}{|B^T\lambda|_u}$$

und projizieren dieses $\Delta\bar{u}$ in das Intervall $[\Delta u_{min}, \Delta u_{max}]$. Es resultiert $\Delta\bar{u}_c \in Q_{\Delta u}$, dessen ν-te Komponente, $\nu = 1(1)m$, durch

$$(5.22) \qquad \Delta\bar{u}_c(i)_\nu := \begin{cases} \Delta u_{max}(i)_\nu & \text{falls} \quad \Delta\bar{u}(i)_\nu \geq \Delta u_{max}(i)_\nu \\ \Delta u_{min}(i)_\nu & \text{falls} \quad \Delta\bar{u}(i)_\nu \leq \Delta u_{min}(i)_\nu \\ \Delta\bar{u}(i)_\nu & \text{sonst} \end{cases}$$

bestimmt ist.

Das so gewonnene $\Delta\bar{u}_c$ dient als Korrektur der Politik $\bar{u}$.

Die Rechenschritte

Bei der Programmierung ist es am günstigsten, die Politiken und die Zustandsvariablen als Matrizen zu speichern. Die Politik u ist dann als $m - k$ - Matrix gegeben, deren Spalten die Vektoren $u(o), \ldots, u(i), \ldots, u(k-1)$ sind.

S0 : Als Start für die Iterationen kann jede Politik $u^{(o)} \in Q_u$ dienen.
Bezeichnungswechsel $\bar{u} := u^{(o)}$

S1 : Zu diesem $\bar{u}$ berechnet sich das zugehörige $\bar{x}$ aus (5.4) besonders einfach.

S2 : Der Vektor $c = (\text{grad}\ \psi)(\bar{x}(k))$ wird berechnet und gespeichert.

S3 : Aus (5.19) wird rekursiv λ berechnet. Die Matrizen $A(i)$, $i = k-1(-1)0$ werden dabei nur einmal und an dieser Stelle benötigt und deshalb nur hier gemäß (5.10) berechnet.
$\lambda(0), \ldots, \lambda(k-1)$ werden zusammengefaßt als $n - k$ - Matrix gespeichert.

S4 : Für $i = 0(1)k-1$ werden nach (5.11) die Matrizen $B(i)$ berechnet, deren m Spalten werden mit $\lambda(i)$ multipliziert (Skalarprodukt). Das Resultat ist der m-Komponentenvektor $\Delta\bar{u}(i)$, ohne Berücksichtigung der Normierung (5.21).

S5 : Normierung (5.21); Berechnung der Schranken Δu_{min}, Δu_{max} ; Projektion (5.22)

S6 : Addition der in S4 und S5 berechneten Korrektur $\Delta\bar{u}_c$ zu $\bar{u}$ liefert die verbesserte Politik $\bar{\bar{u}} := \bar{u} + \Delta\bar{u}_c$; (evt. Parabeltechnik, vergl. Bem. 4).
Umbezeichnung $\bar{u} := \bar{\bar{u}}$; Fortsetzung der Iteration bei S1.

Für ein Abbruchkriterium gilt das in §2 Gesagte.

<u>Bemerkung</u>

(5) Selbst wenn man sich $[0,1]$ durch $\{0,1,...k\}$ ersetzt denkt, bleiben einige formale Unterschiede zur Darstellung in §2. Hierfür findet man unschwer drei Ursachen: zunächst ist (5.4) nicht in der Terminologie der Differentialgleichungen gegeben,

$$x(i+1) - x(i) = f(...) \tag{5.23}$$

die eher der als Integralgleichung geschriebenen DGL (2.1) entsprechen würde. Zum anderen braucht (5.4) nicht als Analogon zur Integralgleichung in der Form

$$x(i+1) = a + \sum_{i=o}^{i} f(...) \tag{5.24}$$

geschrieben werden und T hat in (5.8) folglich eine ganz andere Gestalt als in (2.6). Und drittens ist die Umformung (2.15) des Zielfunktionals $c^T\Delta x(1)$ in die Summe zweier Skalarprodukte auf X und U beim diskreten Problem viel einfacher.

§6 BESCHRÄNKUNGEN FÜR DIE ZUSTANDSVARIABLEN

Bisher wurden nur Restriktionen für die Steuervariablen betrachtet und es mußte bei den Optimierungsproblemen stets $Q_x = X$ vorausgesetzt werden.

Zur Lösung von Optimierungsproblemen mit Beschränkungen für die Zustandsvariablen braucht man nun keinen völlig neuen Weg einzuschlagen, denn das Konzept der Linearisierung und iterativen Verbesserung der Steuerungen muß nicht aufgegeben werden:

Wie aus Bem.(2) und den abschließenden Bemerkungen in §2 hervorgeht, genügt es, eine Methode zu finden, mit der man l i n e a r e Optimierungsprobleme mit Beschränkung für die Zustandsvariablen lösen kann.

Dazu diskutieren wir zwei Wege: die Verwendung von Straffunktionen und die Überführung des linearen Optimierungsproblems in ein lineares Programm. Während die penalty functions sich in der Praxis weniger bewähren, führt der zweite Weg zum Ziel wenn $\dim U < \infty$, also bei allen Problemstellungen der §§ 3 und 5.

Straffunktionen

Zunächst das Prinzip: um die optimale Steuerung u^* für das l i n e a r e Optimierungsproblem $OP = (X, U, Q_x, Q_u, T, S)$ mit Beschränkungen Q_x für die Zustandsvariablen zu bestimmen, betrachtet man eine Familie $\{OP_\lambda\}_{\lambda \in R_+}$ von Optimierungsproblemen $OP_\lambda = (X, U, X, Q_u, T, S_\lambda)$ ohne Beschränkungen für die Zustandsvariablen mit den neuen Zielfunktionen

$$(6.1) \qquad S_\lambda(x,u) := S(x,u) - \lambda \cdot st(x)$$

wobei die Straffunktion $st : X \to R$ ein stetiges reelles Funktional mit der Eigenschaft

$$(6.2) \qquad st(x) = \begin{cases} 0 & \text{für} \quad x \in Q_x \\ > 0 & \text{sonst} \end{cases}$$

ist[8]. Wir nehmen nun an, jedes OP_λ besitze eine optimale Steuerung u^*_λ.

Für viele wichtige spezielle Probleme [2, pp. 229f, 421] gilt dann die folgende Aussage: es gibt[9] eine (divergente) Teilfolge $\{\lambda_i\}_{i \in N}$, $\lambda_i \in R_+$ so daß die drei Folgen (für $i \in N$ }

$$(6.3) \qquad u^*_{\lambda_i} \to u^* \quad \text{schwach,}$$

$$x^*_{\lambda_i} \to x^* \quad \text{gleichmäßig}$$

und $$S_{\lambda_i}(z^*_{\lambda_i}) \to S(z^*)$$

konvergieren.

Mit dieser Einbettungsmethode würde demnach anstelle des linearen Problems mit Beschränkungen für die Zustandsvariablen OP eine ganze Folge von Optimierungsproblemen OP_λ zu lösen sein. Zwar könnte dies, obwohl die OP_λ nichtlinear sind, mit einer einzigen Iteration erledigt werden, doch hätte man insgesamt zur Lösung des nichtlinearen Ausgangsproblems mit Beschränkungen für die Zustandsvariablen zwei ineinanderlaufende Iterationen durchzuführen.

Diese aufwendige Technik versucht man häufig dadurch zu vereinfachen, daß man anstelle des n i c h t l i n e a r e n Ausgangsproblems (X, U, Q_x, Q_u, T, S) e i n nichtlineares Optimierungsproblem (X, U, X, Q_u, T, S_α) mit $S_\alpha(x,u) := S(x,u) - \alpha \cdot st(x)$ löst, wobei α ein fest-

---

8 In der Praxis wird häufig $st(\bar{x}) = \inf\{|x-\bar{x}|_x;\ x \in Q_x\}$ gewählt.

9 z.B.: bei Kontrollproblemen mit nur vom Endzustand x(1) abhängigen Zielfunktional. Sinnvollerweise muß man voraussetzen, daß die OP_λ eine eindeutige optimale Steuerung besitzen. Dies sichern Forderungen nach NORMALITÄT (für alle Steuerungen u', u" folgt aus x'(1) = x"(1) die Gleichheit u' = u") und strikter Konvexität des Zielfunktionals.

gewählter positiver reeller Faktor ist. u^*_α sieht man dann als Näherung von u^* an. Natürlich ist diese Vereinfachung sehr fragwürdig: ist α zu klein gewählt, dann fällt die Strafe zu gering aus und es wird leider $x^*_\alpha \notin Q_x$ folgen. Bei zu großem α wird dagegen die ursprüngliche Zielfunktion S numerisch nicht berücksichtigt.

Lineares Programm

Wenn $\dim U < \infty$ ist, also bei den Kontrollproblemen (MKT) aus §3 und den diskreten Stufenprozessen (MD) aus §5, können Beschränkungen für die Zustandsvariablen beachtet werden, da sich die linearen Optimierungsprobleme so umformuliern lassen, daß sie mit linearer Programmierung gelöst werden können:

Wir beginnen mit dem linearen Modell von (MD). Die Gleichung $L\Delta x = M\Delta u$ lautet hier ausführlich

$$\Delta x(0) = 0$$

$$\Delta x(i) = A(i-1)\ \Delta x(i-1) + B(i-1)\ \Delta u(i-1) \quad \text{für} \quad i = 1(1)k$$

Durch fortlaufendes Einsetzen können wir $\Delta x(i)$ darstellen als

$$\begin{aligned}\Delta x(i) &= A(i-1)\ \Delta x(i-1) + B(i-1)\ \Delta u(i-1) = \\ &= A(i-1)(A(i-2)\Delta x(i-2) + B(i-2)\Delta u(i-2)) + B(i-1)\Delta u(i-1)\end{aligned}$$

und aus dieser Rekursion gewinnt man Δx explizit als Funktion $(L^{-1}M)$ von Δ_u :

$$(6.4) \qquad \Delta x(i) = \sum_{\nu=0}^{i-1} \Bigg(\prod_{\mu = i-\nu-1(-1)\nu+1} A(\mu) \Bigg) B(\nu)\ \Delta u(\nu)$$

Für die Koeffizienten von Vektoren $\Delta u(\nu)$, die reelle n-m-Matrizen sind, schreiben wir abkürzend $C(\nu)$ und erhalten die kürzere Darstellung

$$(6.5) \qquad \Delta x(i) = \sum_{\nu=0}^{i-1} C(\nu)\, \Delta u(\nu)$$

Aus (6.5) erkennt man, daß sich die Zielfunktion $c^T \Delta x(k)$ in der Gestalt

$$(6.6) \qquad c^T \Delta x(k) = \langle g, \Delta u \rangle_u$$

darstellen läßt.

Beschränkungen der Form

$$(6.7) \qquad \Delta x_{min}(i) \leq \Delta x(i) \leq \Delta x_{max}(i) , \qquad i = 1(1)k$$

liefern über (6.5) $n \cdot k$ lineare Restriktionen für die $m \cdot k$ reellen Variablen $u(\nu)_j$, $j = 1(1)m$ und $\nu = 0(1)k-1$. Eventuelle Beschränkungen der Form (5.7)

$$(6.8) \qquad \Delta u_{min}(\nu) \leq \Delta u(\nu) \leq \Delta u_{max}(\nu)$$

liefern weitere $m \cdot k$ Restriktionen für diese Variablen. Diese $(n+m)k$ Restriktionen bilden zusammen mit dem Vektor g aus (6.6) ein lineares Programm im R^{mk} zur Bestimmung der optimalen $\Delta u^*(\nu)_j$, $\nu = 0(1)k-1$ und $j = 1(1)m$.

Nun wenden wir uns den bei der Linearisierung von (MKT) entstehenden linearen Kontrollproblemen mit Treppenfunktionen als Steuerungen zu. Spezieller als in §3 setzen wir voraus, daß alle Komponenten der Steuerungen die gleichen Sprungstellen aus $Z = \{t_0, t_1, \ldots, t_k\}$ mit $0 = t_0 < t_1 < \ldots < t_k = 1$ haben. Zusätzlich zu den Beschränkungen $Q_{\Delta u}$ dürfen auch die folgenden Beschränkungen für Δx vorgeschrieben sein:

$$(6.9) \qquad \Delta x_{min}(t_\nu) \leq \Delta x(t_\nu) \leq \Delta x_{max}(t_\nu) \qquad \text{für} \quad t_\nu \in Z$$

Die Schranken Δx_{min}, $\Delta x_{max} \in X$ müssen also nur an den Sprungstellen t_ν eingehalten werden, nicht aber für alle $t \in [0,1]$.

Die Zielfunktion verwenden wir in der ursprüngl-chen Form $c^T \Delta x(1)$. Die Gleichung $L\Delta x = M\Delta u$ lautet hier ausführlich

$$\Delta x(t) - \int_0^t A(s)\ \Delta x(s)\ ds = \int_0^t B(s)\ \Delta u(s)\ ds$$

für alle $t \in [0,1]$ wobei Δu Treppenfunktion ist.

Auch hier werden wir Δx explizit in der Form

$$\Delta x = L^{-1} M\ \Delta u$$

darstellen. Dazu benötigen wir den folgenden Hilfssatz, dessen Beweis man etwa [18] entnehmen kann:

Lemma

Für $\alpha = 1(1)n$ sei $h^\alpha \in X$ die Lösung der Integralgleichung

$$h^\alpha(t) = e_\alpha + \int_{t_\nu}^t A(s)\ h^\alpha(s)\ ds \qquad \text{wenn} \quad t \in [t_\nu, t_{\nu+1}]$$

wobei e_α der α-te kanonische n-dimensionale Einheitsvektor ist. Die n Vektorfunktionen h^α bilden die Spalten einer Matrix H ,

$$H(t) := (h^1(t), h^2(t), \ldots, h^n(t))$$

für $t \in [0,1]$.

Ferner sollen für $\beta = 1(1)m$ die $k^\beta \in X$ Lösungen der Integralgleichungen

$$k^\beta(t) = \int_{t_\nu}^t A(s)\ k^\beta(s) + b_\beta(s)\ ds \qquad \text{für} \quad t \in [t_\nu, t_{\nu+1}]$$

sein, wobei $b_\beta(t)$ die β-te Spalte von $B(t)$ ist.

Die m Vektorenfunktionen k^β bilden die Spalten einer Matrix K,

$$K(t) := (k^1(t), k^2(t), \ldots, k^m(t)) \qquad \text{für} \quad t \in [0,1].$$

Dann ist[10]

$$\Delta x(t) := H(t)\, \Delta x(t_\nu) + K(t)\, \Delta u(t_\nu)$$

Lösung der Integralgleichung

$$\Delta x(t) = \Delta x(t_\nu) + \int_{t_\nu}^{t} A(s)\, \Delta x(s) + B(s)\, \Delta u(t_\nu)\, ds$$

für $t \in [t_\nu, t_{\nu+1}]$.

Mit diesem Lemma ist $L^{-1}M$ berechnet und es gilt insbesondere für die Werte von Δx an den Stellen t_ν, die wegen (6.9) interessieren:

$$(6.10) \qquad \Delta x(t_{\nu+1}) = H(t_{\nu+1})\, \Delta x(t_\nu) + K(t_{\nu+1})\, \Delta u(t_\nu)$$

und durch fortlaufendes Einsetzen und unter Berücksichtigung von $\Delta x(0) = 0$ erhalten wir daraus

$$(6.11) \qquad \Delta x(t_i) = \sum_{\nu=o}^{i-1} \left(\prod_{\mu = i-\nu(-1)\nu+2} H(t_\mu) \right) K(t_{\nu+1})\, \Delta u(t_\nu)$$

Für die Koeffizienten der Vektoren $\Delta u(t_\nu)$, die reelle n-m-Matrizen sind, schreiben wir wieder $C(\nu)$ und erhalten die Darstellung

$$(6.12) \qquad \Delta x(t_i) = \sum_{\nu=o}^{i-1} C(\nu)\, \Delta u(t_\nu)$$

Damit können wir genauso wie oben vorgehen und die $m \cdot k$ Funktionswer-

---

10 Man beachte: u ist in $[t_\nu, t_{\nu+1})$ konstant, an den Sprungstellen t_ν wird für $u(t_\nu)$ der rechtsseitige Grenzwert erklärt.

te $\Delta u^*(t_\nu)_j$, $\nu = 0(1)k-1$, $j = 1(1)m$ der optimalen Treppenfunktion Δu^* mit linearer Programmierung berechnen.

§7 DAS MAXIMUMPRINZIP VON PONTRJAGIN

Nachdem wir in den ersten sechs §en Optimierungsprobleme in Funktionenräumen durch iterative Verbesserungen gelöst haben, wollen wir jetzt einen davon prinzipiell verschiedenen Lösungsweg einschlagen: man sucht nach geeigeneten Bedingungen, die die Optimalität charakterisieren, und versucht dann diejenigen Steuerungen, die diese Bedingungen erfüllen, zu berechnen.
Für spezielle Kontrollprobleme hat PONTRJAGIN eine derartige Bedingung formuliert, die notwendig für die Optimalität ist: das Maximumprinzip.

Wir geben also zunächst dieses Prinzip an und untersuchen in §8 seine konstruktive Eignung. Anschließend prüfen wir, ob sich das Maximumprinzip auch auf Kontrollprobleme vom Typ (MKT) und auf diskrete dynamische Stufenprozesse verallgemeinern läßt. Im §10 zeigen wir Zusammenhänge und Parallelitäten zwischen dem Maximumprinzip von PONTRJAGIN und der direkten Methode auf, die trotz der prinzipiellen Verschiedenheit beider Lösungsmöglichkeiten bei einer funktionalanalytischen Betrachtungsweise erkennbar werden.

Dieses Maximumprinzip geht von folgendem Kontrollproblem aus:

Für den durch das DGLsystem

$$(7.1)\qquad \begin{aligned} &x(t) = a + \int_{t_o}^{t} f(x(s),\, u(s))\, ds \qquad \text{für} \quad t \in [t_o, t_1] \\ &\text{mit } f : R^{n+m} \to R^n \text{ stetig} \end{aligned}$$

gegebenen Prozeß sollen als Steuervariablen alle $u \in Q_u$, d.h. alle $u \in (L^2[t_o,t_1])^m$ mit Werten in dem beschränkten STEUERBEREICH $SB \subset R^n$ zugelassen sein. Es folgt $x \in X := (L^2[t_o,t_1])^n$.

Mit der Vorgabe eines nichtleeren Zielgebietes $ZG \subset R^n$ stellen sich drei verschiedene Typen von Aufgaben, die bereits aus §2 bzw. §4 bekannt sind:

I (Zeitoptimales Problem). Gesucht ist eine Steuerung u^*, deren zugehörige Trajektorie x^* im frühest möglichen Zeitpunkt $t_e^* \in [t_o, t_1]$ das Zielgebiet erreicht: $x^*(t_e^*) \in ZG$

II Gesucht ist eine Steuerung u^*, deren Trajektorie x^* zu irgendeinem Zeitpunkt $t_e \in [0,1]$ die Bedingung $x^*(t_e) \in ZG$ erfüllt, wobei zusätzlich ein Funktional der Art

(7.2) $$\int_{t_o}^{t_e} f_o(x(t), u(t))dt \text{ an der Stelle } x^*, u^*$$

oder

(7.3) $$\psi(x(t_e)) \text{ an der Stelle } x^*(t_e)$$

ein Maximum annimmt.

III (fixed endtime). Wie II, nur ist von vornherein $t_e := t_1$ festgesetzt. Dieses Festzeitproblem ist auch für $ZG = R^n$ sinnvoll und dann ein Problem der Art (MK).

Diese gesuchten Steuerungen u^* heißen optimal.

Von den sich stellenden Fragen nach notwendigen und hinreichenden Bedingungen für die

Existenz (hier von großer Bedeutung) und

Eindeutigkeit einer optimalen Steuerung u^*

(wichtig für die konstruktive Verwendung des Maximumprinzips)

sowie nach

Algorithmen zu ihrer Berechnung,

der Möglichkeit der Synthese (closed-loop)

befaßt sich das Maximumprinzip von PONTRJAGIN lediglich mit der dritten: es handelt sich um eine notwendige Bedingung für die Optimalität einer Steuerung.

Mit einigen Vorbetrachtungen, bei denen sich auch alle benötigten Voraussetzungen ergeben, läßt sich diese notwendige Bedingung für alle drei Aufgebentypen I, II und III einheitlich formulieren.

Klar ist die (OP_4) von §1 entsprechenden Voraussetzung

V1 : zu jeder zulässigen Steuerung u gebe es genau eine Lösung x von (7.1), die ZUGEHÖRIGE TRAJEKTORIE.

Um dies sichern zu können und für spätere Linearisierungen verlangt man

V2 : für alle $y \in SB \subset R^m$ ist $f(-,y) : R^n \to R^n$ einmal stetig differenzierbar.

Definition 3

Für alle $t \in [t_o, t_1]$ heißt

$$ER(t) := \{x(t) \in R^n | \text{ x ist Trajektorie zu } u \in Q_u\}$$

Menge der zur Zeit t ERREICHBAREN PUNKTE (set of attainability)

Die gleichmäßige Beschränktheit

V3 : Es gibt Schranken $r \in R$ und $s \in L^1[t_o, t_1]$ so, daß für alle $u \in Q_u$ und für fast alle $t \in [t_o, t_1]$ gilt:

$$|x(t)| \leq r \quad \text{und} \quad |f(x(t),u(t))| + |\frac{\partial f}{\partial x}(x(t),u(t))| \leq s(t)$$

wobei x zum jeweiligen u gehört.

bewirkt [2,p.241] , daß $ER(t)$ eine stetig von t abhängige, relativkompakte Teilmenge des R^n ist. Somit endet die Trajektorie x^* einer optimalen Steuerung u^* für das zeitoptimale Problem I auf dem Rand von $ER(t_e^*)$, also $x^*(t_e^*) \in \partial ER(t_e^*)$. Gleiches gilt auch für Aufgaben der Typen II und III, wenn

V4 : $f_o: R^{n+m} \to R^n$ ist stetig und einmal stetig partiell nach dem ersten Argument differenzierbar

bzw.

ψ ist ein stetiges, isotones Funktional

erfüllt ist.

Mit

Definition 4

Eine zulässige Steuerung $\bar{u}$ mit $\bar{x}(t_e) \in \partial ER(t_e)$ heißt EXTREMAL

gilt also

Satz 1

Jede optimale Steuerung ist extremal.

Die nächsten beiden Sätze bilden das Maximumprinzip von PONTRJAGIN. Während die Transversalitätsbedingungen (Satz 3) angeben, wo auf $\partial ER(t_e)$ eine Trajektorie enden muß, wenn sie zu einer optimalen Steuerung gehören soll, charakterisiert Satz 2 die Extremalität dadurch, daß ein logischer Zusammenhang zwischen diesem topologischen-geometrischen Sachverhalt und der Maximierung der HAMILTONfunktion hergestellt wird.

Definition 5

Sei $\bar{x}$ die Trajektorie der zulässigen Steuerung $\bar{u}$.
Jede Lösung $\bar{p}$ (im verallgemeinerten Sinn, da $\bar{p} : [t_o, t_1] \to R^n$ nur fast überall differenzierbar ist) der "costate - equation"

$$\dot{p}(t) = - \frac{\partial f}{\partial x}(\bar{x}(t), u(t))^T \, p(t)$$

heißt KOZUSTANDSVARIABLE zu $\bar{x}$.

Die Kozustandsvariablen sind somit Elemente des Funktionenraumes $P := (L^2[t_o,t_1])^n$

Definition 6

Der Operator $H : P \times X \times U \to L^1[t_o,t_1]$ werde durch

$$H(p,x,u) : t \mapsto p(t)^T f(x(t), u(t))$$

definiert.

$H(p,x,u) : [t_o,t_1] \to R$ heißt HAMILTONFUNKTION

Satz 2

Sei $\bar{u}$ eine extremale Steuerung. Dann gibt es[11] zur zugehörigen Trajektorie $\bar{x}$ eine Kozustandsvariable $\bar{p}$ so, daß für alle $u \in Q_u$ und fast alle $t \in [t_o,t_1]$

$$H(\bar{p},\bar{x},u)(t) \le H(\bar{p},\bar{x},\bar{u})(t)$$

gilt.

Einen ausführlichen Beweis entnehme man [2, pp. 239-259]; hier genügt es, auf die vier wesentlichen Schritte hinzuweisen:

(i) Sei $\bar{u} \in Q_u$ extremal und $\bar{x}$ die zugehörige Trajektorie mit $\bar{x}(t_e) \in \partial ER(t_e)$.
Mit einer geeigneten, durch V2 ermöglichten Teillinearisierung kann man $ER(t_e)$ lokal in einer ε-Umgebung von $\bar{x}(t_e)$ durch einen konvexen Kegel KEG im R^n mit Spitze in $\bar{x}(t_e)$ approximieren.

und zeigen:

---

[11] Diese Existenzaussage bezieht sich nicht auf die Lösbarkeit des Systems in Def.5. Vielmehr: es gibt einen Anfangswert $p_o \in R^n$, so daß für diejenige Kozustandsvariable $\bar{p}$ mit $\bar{p}(t_o) = p_o$ die Maximalitätsbedingung gilt.

für alle $\hat{u} \in Q_u$ mit $|\hat{u} - \bar{u}|_u \leq \varepsilon$ gilt[12] $\hat{x}(t_e) \in KEG$.

(ii) Da KEG konvex ist, gibt es eine begrenzende Hyperebene durch $\bar{x}(t_e)$ mit einem Normalenvektor $p_e \in R^n$, der von KEG weggerichtet ist:

für alle $\hat{u} \in Q_u$ mit $|\hat{u} - \bar{u}|_u \leq \varepsilon$ gilt

$$p_e^T \hat{x}(t_e) \leq p_e^T \bar{x}(t_e)$$

(iii) Sei $\bar{p}$ diejenige Kozustandsvariable von $\bar{x}$ mit $\bar{p}(t_e) = p_e$; dann ergibt sich aus der in (i) durchgeführten Teillinearisierung für dieses $\bar{p}$:

für alle $\hat{u} \in Q_u$ mit $|\hat{u} - \bar{u}|_u \leq \varepsilon$ und fast alle $t \in [t_o, t_e]$ gilt:

$$H(\bar{p},\bar{x},\hat{u})(t) \leq H(\bar{p},\bar{x},\bar{u})(t)$$

(iv) Diese lokale, für die Extremalität von $\bar{u}$ notwendige Bedingung wird in einem Widerspruchsbeweis globalisiert:

Angenommen, es gibt ein $u_b \in Q_u$ so, daß $H(\bar{p},\bar{x},u_b)(t) \leq H(\bar{p},\bar{x},\bar{u})(t)$ nicht für fast alle $t \in [t_o,t_1]$ gilt.

Also gibt es ein Intervall

$$(t',t'+\delta) \subset [t_o,t_e], \quad \delta > 0$$

auf dem die obige Ungleichung nicht gilt.

Wir kostruieren eine neue Steuerung u_c gemäß

$$u_c(t) := \begin{cases} u_b(t) & \text{für} \quad t \in (t', t'+\delta) \\ \bar{u} & \text{sonst} \end{cases}$$

und finden $u_c \in Q_u$; überdies können wir δ so klein wählen,

---

12 Die Verwendung der Skalarproduktnorm im L^2 - Raum U ist für (iv) bedeutsam.

daß $|u_c - \bar{u}|_u \leq \varepsilon$ gilt. Jetzt ergibt sich für $t \in (t',t'+\delta)$ im Widerspruch zur lokalen Ausgangsbedingung

$$H(\bar{p},\bar{x},u_c)(t) > H(\bar{p},\bar{x},\bar{u})(t).$$

Unsere Annahme war falsch, die "Maximalität der Hamiltonfunktion" gilt g l o b a l für alle $u \in Q_u$.

Bemerkungen

(6) Ist f linear in $x(t)$, dann ist die Bedingung in Satz 2 nicht nur notwendig, sondern auch hinreichend für die Extremalität von $\bar{u}$.

(7) Wesentlich für §10 ist, daß man die gewöhnliche Formulierung der Maximalitätsbedingung in Satz 2:

(7.4) für alle $u \in Q_u$ und fast alle $t \in [t_o,t_1]$ gilt
$H(\dots,u)(t) \leq H(\dots,\bar{u})(t)$

mit $\bar{u}$ als extremaler Steuerung ersetzen kann durch

(7.5) für alle $u \in Q_u$ gilt $\int_{t_o}^{t_e} H(\dots,u)(t)dt \leq \int_{t_o}^{t_e} H(\dots,\bar{u})(t)dt$

Zwar sind die in (7.4) und (7.5) verwendeten Ordnungsrelationen auf $L^1[t_o,t_e]$ verschieden, doch stimmen die Bedingungen für die oberen Schranken von $\{H(\dots,u) \mid u \in Q_u\} \subset L^1[t_o,t_e]\}$ überein: (7.4) $\Rightarrow$ (7.5) ist trivial; aus (7.5) folgt zunächst nur. daß es sich bei $H(\dots,\bar{u})$ um ein maximales Element der in (7.4) verwendeten Ordnung handelt. Ist aber die Menge Q_u zulässiger Steuerungen durch einen Steuerbereich SB definiert,

(7.6) $Q_u := SB^{[t_o,t_e]} \cap U$.

dann gilt auch (7.5) $\Rightarrow$ (7.4).

Nach dieser Untersuchung der Extremalität kann man in Ergänzung zu Satz 1 durch elementare geometrische Betrachtungen im R^n Bedingungen finden, die angeben, w o auf $\partial ER(t_e)$ eine Zustandsvariable enden muß, wenn sie zu einer optimalen Steuerung gehören soll. Hier zeigt der Begriff "extremal" seinen Sinn: die spezielle Problemstellung I, II und III sowie die Gestalt von ZG und des Zielfunktionals wirken sich nur auf Bedingungen für den Vektor $p_e \in R^n$ aus.

Die häufigsten Fälle sind zusammengefaßt in

Satz 3 (sog. TRANVERSALITÄTSBEDINGUNGEN)

Die extremale Steuerung $\bar{u} \in Q_u$ ist genau dann optimal, wenn für den in Satz 2 gegebenen Vektor $p_e := \bar{p}(t_e)$ folgendes gilt:

Problem	
I und ZG konvex	p_e ist normal zu einer ZG in $\bar{x}(t_e)$ begrenzenden Hyperebene. Wenn z.B.: ZG eine Hyperebene im R^n ist, ist p_e ihr Normalenvektor. Dabei muß t_1 so groß gewählt sein, daß $t_e \neq t_1$ gilt.
II und ZG konvex	p_e liegt in einer ZG (im Punkt $\bar{x}(t_e)$) begrenzenden Hyperebenen (wenn $t_e \neq t_1$)
III und $ZG = R^n$, das Zielfunktional ist differenzierbar und $\text{grad}\ \psi : R^n \to R^n$ ist stetig	$p_e := (\text{grad}\ \psi)(\bar{x}(t_e))$ Ist speziell ψ linear, so ist p_e unabhängig vom Endpunkt $\bar{x}(t_e)$ der betrachteten Trajektorie.

Der Beweis beruht auf einfachen geometrischen Überlegungen, die im Zusammenhang mit dem Maximumprinzip wohl zuerst in [63] formuliert wurden.

Mit dem Hinweis auf zahlreiche und gelegentlich trickreiche Überführungsmöglichkeiten der verschiedenen Aufgabentypen untereinander, vergl. §4, beschränken wir uns für die weiteren Untersuchungen auf nur einen Problemkreis, für den wir als Korollar zum Maximumprinzip von PONTRJAGIN eine notwendige Bedingung für die Optimalität einer Steuerung angeben.

Satz 4

Für das Kontrollproblem der Art (MK) mit dem Prozeß

(7.7) $$x(t) = a + \int_0^t f(x(s), u(s))\, ds, \qquad t \in [0,1]$$

der Menge zulässiger Steuerungen, dem Zylinder

(7.8) $$u \in Q_u := SB^{[0,1]} \cap (L^2[0,1])^m$$

und dem zu maximierenden Zielfunktional

$$\psi(x(1)) \to \sup$$

sei u^* eine optimale Steuerung. Dann gilt mit der Lösung p^* des Systems

(7.9) $$p(t) = p_1 + \int_t^1 \frac{\partial f}{\partial x} (x^*(s), u^*(s))^T p(s)\, ds$$

wobei

(7.10) $$p_1 := (\text{grad } \psi)(x^*(1))$$

die folgende Maximierung der Hamiltonfunktion

(7.11) für alle $u \in Q_u$ und fast alle $t \in [0,1]$

$$H(p^*,x^*,u)(t) \le H(p^*,x^*,u^*)(t)$$

Im nächsten Kapitel versuchen wir, diesen Satz 4 zur Berechnung einer optimalen Steuerung zu verwenden.

§8 KONSTRUKTIVE ANWENDUNG DES MAXIMUMPRINZIPS

Es soll jetzt untersucht werden, unter welchen Umständen und durch welches Vorgehen man Satz 4 zur Berechnung einer optimalen Steuerung für das Kontrollproblem (MK) nutzen kann.

Zunächst muß die Existenz wenigstens einer optimalen Steuerung gesichert sein: das Maximumprinzip von PONTRJAGIN ist als Bedingung, die optimale Steuerungen notwendigerweise erfüllen, unbrauchbar, wenn keine optimale Steuerung existiert. (Von der praktischen Seite her scheint es weniger wichtig zu sein, die Existenzfrage zu klären, da auch eine nur "fast optimale" Steuerung den Zweck erfüllt.)

Wegen der Vergleichbarkeit zweier beliebiger Steuerungen reduziert sich die Existenzfrage auf die Untersuchung, ob das $\sup \{ \hat{x}(1) \mid \hat{u} \in Q_u \}$ ein Maximum ist, und wegen der Stetigkeit von f und ψ weiter, ob Q_u folgenkompakt bezüglich der schwachen Topologie ist. In unserem Fall folgt aus

V5 $\quad SB \subset R^n$ kompakt und konvex

die Existenz einer optimalen Steuerung; vergl. [2, p. 429 f].

Doch auch nun stehen einer einfachen Nutzung des Maximumprinzips drei Schwierigkeiten im Wege:

1. Die Bedingungen von PONTRJAGIN sind nicht konstruktiv: sowohl das Maximumprinzip als auch sein Beweis weisen keinen Weg zu ihrer Nutzung.

Somit bleibt als einzige Möglichkeit, Steuerungen zu suchen, auf die (und auf deren Trajektorien und Kozustandsvariablen) die Aussage (7.11) zutrifft; aber

2. Das Maximumprinzip ist keine hinreichende Bedingung[13] für Optimalität.

Diesen Nachteil kann man nur umgehen, indem man alle Steuerungen ermittelt, welche die HAMILTONfunktion maximiern. Wegen V5 befindet sich unter all diesen Steuerungen (wenigstens) eine optimale und unser Ziel wäre erreicht. Doch

3. i.a. ist es bereits sehr schwierig, eine zulässige Steuerung zu berechnen, auf die die Aussagen (7.7) ... (7.11) zutreffen.

Dennoch eröffnen sich zwei grundsätzlich verschiedene Wege, das Eliminationsverfahren und die iterative Maximierung der HAMILTONfunktion, zur konstruktiven Verwendung von Satz 4.

I. Die Eliminationsmethode

Ein erster Weg mit dem Ziel, ein Lösungstripel $\overline{u},\overline{x},\overline{p}$ von (7.7)...(7.11) zu berechnen, geht von der Kernbedingung (7.11) aus, und versucht mit ihrer Hilfe u zu eliminieren. Man ignoriert also zunächst (7.7),(7.9) sowie (7.10) und sucht zu jedm $p \in P$ und jedem[14] $x \in X$ ein $u_{p,x}$ gemäß (7.8), welches die HAMILTONfunktion an dieser Stelle partiell maximiert. Aus f und SB ist also eine Abbildung

(8.1) $\gamma : P \times X \to Q_u \subset U$

zu bestimmen, so daß für alle $p \in P$ und alle $x \in X$ gilt:

(8.2) für alle $u \in Q_u$ und fast alle $t \in [0,1]$ gilt $H(p,x,u)(t) \leq H(p,x, \gamma(p,x))(t)$

---

[13] von Problemen, bei denen f in $x(t)$ linear und ψ ein lineares Funktional ist, abgesehen.

[14] p und x sind unabhängig voneinander, brauchen nichteinmal Kozustandsvariable bzw. Trajektorie einer zulässigen Steuerung zu sein.

Die Existenz wenigstens einer Abbildung mit der Eigenschaft (8.2) sichert die aus V5 und der Stetigkeit von f folgende Kompaktheit von $\{f(x(t), y) | y \in SB\} \subset R^n$ für alle $x \in X$ und $t \in [0,1]$. (Noch nichts gesagt ist über die für das folgende so wichtige Eindeutigkeit und "Einfachheit" von γ).

Damit zerfällt die gestellte Aufgabe in

(I) die partielle Maximierung von H , d.h. die Berechnung von γ

(II) die Lösung des gekoppelten Randwertproblems für x und p

$$(R) \begin{cases} x(t) = a + \int_0^t f(x(s), \gamma(p,x)(s))\, ds \\ p(t) = p_1 + \int_t^1 \frac{\partial f}{\partial x}(x(s), \gamma(p,x)(s))^T p(s)\, ds \\ p_1 := (\text{grad } \psi)(x(1)) \end{cases}$$

In wenigen einfachen Fällen ist γ durch f eindeutig bestimmt (die HAMILTONfunktion heißt dann elementar maximierbar). Besitzt überdies (R) genau eine Lösung x^* , p^*

(III) dann ist $u^* := \gamma(p^*,x^*)$ eine, sogar die einzige, optimale Steuerung.

Zur praktischen Durchführung

(1) Diesem Schema folgen alle einfachen Demonstrationskontrollprobleme,deren Lösung sich analytisch ohne Hilfe von Methoden der numerischen Methematik berechnen läßt. Dazu gehören vor allem eindimensionale Prozesse, die beschleunigte Bewegungsprobleme und lineare Oszillatoren (Steuerung ist der Dämpfungsfaktor) beschreiben.

Ein Beispiel, das auch zur Erläuterung von γ dient, läßt trotz seiner Einfachheit ($m = n = 1$; f linear in $x(t)$) alle möglichen Schwierigkeiten erkennen:

$$(8.3) \qquad x(t) = \frac{1}{2} + \int_0^t 2x(s) + \cos(u(s) - x(s))\, ds$$

$$(8.4) \qquad u \in Q_u = [0,2\pi]^{[0,1]} \cap L^2[0,1]$$

$$(8.5) \qquad x(1) \to \sup$$

Zur Ermittlung einer Abbildung γ suchen wir zu beliebigen $p \in P = L^2[0,1]$ und $x \in X = L^2[0,1]$ ein $u_{p,x} \in Q_u$ für das

$$(8.6) \qquad \max_{u \in Q_u} H(p,x,u)(t) = H(p,x,u_{p,x})(t)$$

für alle $t \in [0,1]$ gilt.

Hier ist in $H(p,x,u)(t) = 2p(t)x(t) + p(t)\cos(u(t) - x(t))$ der erste Summand von u unabhängig und daher für die partielle Maximierung ohne Einfluß. Der zweite Summand, und damit H , wird partiell maximiert durch alle $u_{p,x} \in L^2[0,1]$, die

$$(8.7) \qquad u_{p,x}(t) = \begin{cases} x(t) + 2k\pi & \text{falls } p(t) > 0 \\ \text{beliebig} & \text{falls } p(t) = 0 \\ x(t) + (2k+1)\pi & \text{falls } p(t) < 0 \end{cases}$$

genügen. Wegen $SB = [0,2\pi]$ läßt sich nun immer ein $k \in Z$ finden, so daß $u_{p,x}(t) \in SB$ gilt.

Also definieren wir γ durch

$$(8.8) \qquad \gamma(p,x)(t) = (x(t) + \frac{\pi}{2}(1 - \operatorname{sign} p(t))) \mod 2\pi$$

und erhalten damit das Randwertproblem

$$(8.9)\quad \begin{cases} x(t) = \frac{1}{2} + \int_0^t 2x(s) + \cos(\gamma(p,x)(s) - x(s))\, ds \\ p(t) = 1 + \int_t^1 (2 + \sin(\gamma(p,x)(s) - x(s)))\, p(s)\, ds \end{cases}$$

Dieses (R) ist einfach zu lösen:
aus der zweiten Integralgleichung gewinnt man die Abschätzung $p(t) > 0$ für alle $t \in [0,1]$ und erspart sich mit $\operatorname{sign} p(t) = 1$ die lästige Fallunterscheidung in γ. Somit ist $x^*(t) = e^{2t} - \frac{1}{2}$ und $p^*(t) = e^{2-2t}$ die Lösung von (8.9). In (8.8) eingesetzt folgt $u^*(t) = e^{2t} - \frac{1}{2} \bmod 2\pi$

(2) Für lineare Kontrollprobleme (ohne Beschränkungen für die Zustandsvariablen) ist der angegebene Weg (I) ... (III) besonders übersichtlich: die Hamiltonfunktion ist leicht partiell zu maximieren und statt des Randwertproblems (R) braucht man nur ein lineares homogenes DGLsystem mit Anfangsbedingung zu lösen:

Bei

$$(8.10)\quad \begin{cases} x(t) = a + \int_0^t A(s)x(s) + B(s)u(s)\, ds \\ A(t) \in R^{(n,n)}\ ;\ B(t) \in R^{(n,m)}\ ; \\ a_{ik},\ b_{ik} \in C^0[0,1] \\ u \in Q_u \quad \text{bzw.} \quad u(t) \in SB \\ c^T x(1) \to \sup\ ,\quad c \in R^n \end{cases}$$

ist für die partielle Maximierung der Hamiltonfunktion

$$(8.11)\qquad H(p,x,u)(t) = p(t)^T A(t)x(t) + p(t)^T B(t)u(t)$$

nur der zweite Summand zu beachten. Also ist γ nur von p und Q_u bzw. SB abhängig und $\gamma(p,x)(t)$ ist derjenige Randpunkt y von SB, der $\langle B(t)^T p(t), y\rangle_{R^m}$ maximiert.

Da γ von x unabhängig ist, interessiert nur die Teillösung p^* des Randwertproblems

$$(8.12)\quad \begin{cases} x(t) = x_o + \int_o^t A(s)x(s) + B(s)\gamma(p,x)(s)\,ds \\ p(t) = c + \int_t^1 A(s)^T p(s)\,ds \end{cases}$$

p^* ergibt sich aber aus der einfachen Rückwärtsintegration des unteren Systems. Da dieses System überdies auch von γ unabhängig ist, kann man z u e r s t p^* berechnen und findet d a n a c h über γ das optimale u^*. Dieses an zweiter Stelle durchzuführende Problem, $\gamma(p^*,..)$ zu berechnen, ist elementar, wenn Q_u eine Kugel in U ist oder durch Schranken $u_{min}, u_{max} \in U$ bzw. durch einen Steuerbereich (einfacher Gestalt) vorgegeben ist.

(3) Die zeitliche Abfolge, in der man die Aufgaben (I), (II) und (III) lösen muß, läßt die Verwendung des PONTRJAGINschen Maximumprinzips in dieser Form auf einer Rechenanlage sinnvoll erscheinen.

Der elektronische ANALAOGRECHNER bzw. der analog arbeitende Teil eines HYBRIDRECHNERS eignet sich besonders zur Lösung des Randwertproblems (R) . Ist f "hinreichend einfach", dann ist γ steckbar - z.B. wenn $m = 1$ und $u(t)$ nur in linearen und quadratischen Gliedern in f vorkommt, durch Anwenden der Auflösungsformel für quadratische Gleichungen. Dann lassen sich die Schritte (I) ... (III) auf dem Analogrechner automatisch lösen, vergl. BAUER und BEUSCHEL [10, S. 17] sowie [2, p. 136].

Letzlich lassen sich so aber nur Kontrollprobleme mit

(i) einfacher Gestalt von f

(ii) geringer Dimension n und m

(iii) keiner geforderten großen Genauigkeit

angehen [10].

(4) Während die Einschränkung (i) an der Eliminationsmethode selbst liegt, lassen sich die Nachteile (ii) und (iii) auf einem DIGITALRECHNER vermeiden.

Gibt es für γ eine analytische Darstellung (evt. mit Fallunterscheidungen) so bleibt die Lösung des 2-Punkt Randwertproblems (R) . Geeignete Differenzierbarkeit von f und γ vorausgesetzt[15], gelingt dies durch Linearisierung und Iteration.
Bei der "method of quasi - linearization" werden die Randbedingungen immer exakt erfüllt und die durch die DGLsysteme gegebenen Bedingungen sukzessive besser erfüllt: man startet mit willkürlichen Funktionen $x^{(1)} \in X$, $p^{(1)} \in P$ welche die Randbedingungen

$$x^{(1)}(0) = a \ , \quad p^{(1)}(1) = (\text{grad } \psi)(x^{(1)}(1))$$

erfüllen, nicht aber die Differentialgleichung. Deren Linearisierung an der Stelle $x^{(1)}$, $p^{(1)}$ ermöglicht die Berechnung von Korrekturen; die verbesserten $x^{(2)}$, $p^{(2)}$ erfüllen wieder die Randbedingungen genau, usw. ...

Dieser erste Versuch einer konstruktiven Nutzung des Maximumprinzips von PONTRJAGIN führt jedoch in vielen Fällen nicht zum Ziel: zum einen muß die Hamiltonfunktion nicht elementar maximierbar sein. Zum anderen braucht γ - selbst wenn diese Abbildung eindeutig durch f und SB festgelegt wäre - keine einfache Darstellung durch elementare Funktio-

---

15 Diese Bedingungen ebenso wie Konvergenzkriterien für das folgende Iterationsverfahren entnehme man [15].

nen zu besitzen: dann sind die beiden Integralgleichungen des Randwertproblems (R) zu kompliziert miteinander verknüpft, als daß sie noch gelöst werden könnten. Meist ist γ so kompliziert, daß allenfalls eine Approximation von $\gamma(p,x)$ mit iterativen Verfahren gelingen könnte. In jedem dieser Fälle ist die Eliminationsmethode mit dem Lösungsschema (I) ... (III) unbrauchbar.

II. Die iterative Maximierung der Hamiltonfunktion

Die Möglichkeit einer iterativen Approximation von $\gamma(p,x)$ weist den einzig verbleibenden Weg: man greift zurück auf die Bedingungen (7.7).. ..(7.11) von Satz 4 und stellt die iterative Erfüllung von (7.11) in den Mittelpunkt eines Rechenverfahrens.

Sinnvollerweise arbeitet man mit explizit vorliegenden Steuerungen $u^{(i)}$, die in jedem Iterationsschritt im Hinblick auf (7.11) verbessert werden sollen. Denn aus der Steuerung $u^{(i)}$ berechnet sich leicht die zugehörige Trajektorie $x^{(i)}$ aus (7.7); aus $u^{(i)}$ und $x^{(i)}$ gewinnt man durch Rückwärtsintegration (7.9), (7.10) die Kozustandsvariable $p^{(i)}$. Wie gewinnt man aus (7.11) aber eine "verbesserte" Steuerung $u^{(i+1)}$, die auch in dem Quader (7.8) liegt? Um ein globales partielles Maximum von H zu finden, sucht man ein lokales: nach der partiellen Differentiation $\partial H/\partial u = p^T(\partial f/\partial u)$ an der Stelle $(p^{(i)},x^{(i)},u^{(i)})$ wählt man $u^{(i+1)}$ so, daß $\langle \frac{\partial H}{\partial u}(p^{(i)},x^{(i)},u^{(i)}), u^{(i+1)} - u^{(i)}\rangle_u$ möglichst groß wird, wobei $u^{(i+1)}$ im lokalen Linearisierungsbereich um $u^{(i)}$ und in Q_u liegen muß. Diese sog. Max-H-Methode ist also ein Gradientenverfahren mit

$$(8.3) \qquad \frac{\partial H}{\partial u}(p^{(i)},x^{(i)},u^{(i)})(t) = p^{(i)}(t)^T \frac{\partial f}{\partial u}(x^{(i)}(t), u^{(i)}(t))$$

als verallgemeinerten Gradienten auf U.

Die Konvergenz zu einem wenigstens lokalen partiellen Maximum von H

ist aber keineswegs einsichtig und folgt nur aus einem Vergleich mit direkten Linearisierungen, vergl. (8.4) und §10.

Entscheidend für die folgenden Untersuchungen ist die Tatsache, daß die Max-H-Methode nur ein lokales partielles Maximum von H liefert. Andererseits konnte bei der Herleitung dieses Verfahrens die Globalität in (7.11) garnicht verwertet werden. Bei dieser Nutzung des Maximumprinzips von PONTRJAGIN ist somit die Globalisierung (Beweisschritt (iv)in Satz 2) überflüssig.

Die Max-H-Methode endet also mit einer Steuerung $u^{(N)}$, die nur eine notwendige Bedingung (lokales partielles Maximum von H) zu einer notwendigen Bedingung (Satz 4) für die Optimalität erfüllt[16].

Daß $u^{(N)}$ wenigstens ein relatives Maximum des Zielfunktionals liefert, erfährt man nicht aus dem Satz und Beweis von PONTRJAGIN, sondern durch einen Vergleich mit der direkten Methode: beide Verfahren liefern dieselbe Rechenvorschrift zur Korrektur von $u^{(i)}$; denn aus den Linearisierungen in §10 folgt:

(8.4)
$$\langle \frac{\partial H}{\partial u} (p^{(i)},x^{(i)},u^{(i)}),\ u^{(i+1)} - u^{(i)}\rangle_u = \\ = \psi(x^{(i+1)}(1)) - \psi(x^{(i)}(1)) + O(|u^{(i+1)} - u^{(i)}|_u)$$

<u>Zusammenfassung</u>

(i) Von linearen Kontrollproblemen sowie einfacheren Demonstrationsbeispielen abgesehen, verbleibt als einziges Verfahren zur konstruktiven Anwendung des Maximumprinzips von PONTRJAGIN (Satz 4) die Max - H - Methode.

(ii) Bei diesem verallgemeinerten Gradientenverfahren kann die

---

[16] Gleiches gilt für ähnliche Verfahren, wie etwa konjugierte - Gradienten - Methoden.

Globalisierung keine Verwendung finden.

(iii) Ergebnis der Iterationen ist eine Steuerung $u^{(N)}$, die nur (zweimal hintereinander) eine notwendige Bedingung für die Optimalität erfüllt.

(iv) Nicht mit dem Maximumprinzip von PONTRJAGIN, wohl aber mit direkter Linearisierung kann die Konvergenz der Max - H - Methode zu einer Steuerung $u^{(N)}$ mit relativem Maximum des Zielfunktionals gezeigt werden.

Mehr noch als dieser letzte Punkt (iv) drängen die Ergebnisse des folgenden §9 auf eine Untersuchung der im Maximumprinzip enthaltenen Linearisierungen.

§9 DAS DISKRETE MAXIMUMPRINZIP

Obwohl PONTRJAGIN seine Bedingung nur für Kontrollprobleme der in §7 angegebenen Art formuliert und bewiesen hat, liegt es nahe, die Gültigkeit des Maximumprinzips auch für modifizierte Aufgabenstellungen zu prüfen.
Nur wenige der verschiedenen Optimierungsprobleme, die sich durch das funktionalanalytische Modell (X,U,Q_x,Q_u,T,S) aus §1 erfassen (und mit der direkten Methode lösen) lassen, können so formuliert werden, daß eine formale Übertragung des Satzes von PONTRJAGIN möglich scheint. Bei den in den §§ 3 und 5 untersuchten Problemtypen (MKT) und (MD) ist dies der Fall. Deswegen ist es sinnvoll, diese beiden wichtigen Änderungen der beteiligten Funktionenräume U und X mit dem Maximumprinzip näher zu untersuchen.
Zwei Beispiele werden zeigen, warum das Maximumprinzip von PONTRJAGIN dann nicht mehr gültig ist, und welche zusätzlichen Voraussetzungen nötig wären, um doch noch mit dem Maximumprinzip auch bei (MKT) und (MD) arbeiten zu können.

Zunächst soll das aus §2 und aus Satz 4 bekannte Kontrollproblem (MK) dahingehend modifiziert werden, daß nur noch Treppenfunktionen als Steuerungen zugelassen sind. Dieses Problem (MKT) ist aus §3 bekannt. Interessant ist nun, daß die Ersetzung von (7.8) durch

(9.1) $u \in Q_u := SB^{[0,1]}$ und
u ist Treppenfunktion

Satz 4 ungültig machen würde: kritiklose Anwendung des Maximumprinzips auf den Problemtyp (MKT) führt zu falschen Ergebnissen. Zwei Beispiele sollen dies belegen:

Beispiel 1

ist ein Problem vom Typ (MKT) mit $n = m = 1$; die Steuerungen sollen im ganzen Intervall $[0,1]$ konstant bleiben.

Der Prozeß

$$x(t) = \int_0^t \cos(s - u(s))\, ds$$

soll durch

$$u(t) \equiv c \in [0,\tfrac{\pi}{2}]$$

gesteuert werden; das Zielfunktional

$$x(1) \to \sup$$

ist die identische Abbildung.

Sofort findet man $x(t) = \sin c + \sin(t-c)$ und die optimale Steuerung $u^* \equiv c^* = \frac{1}{2}$

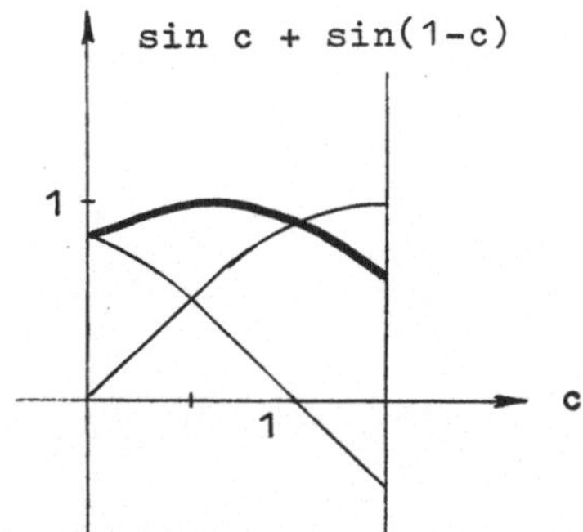

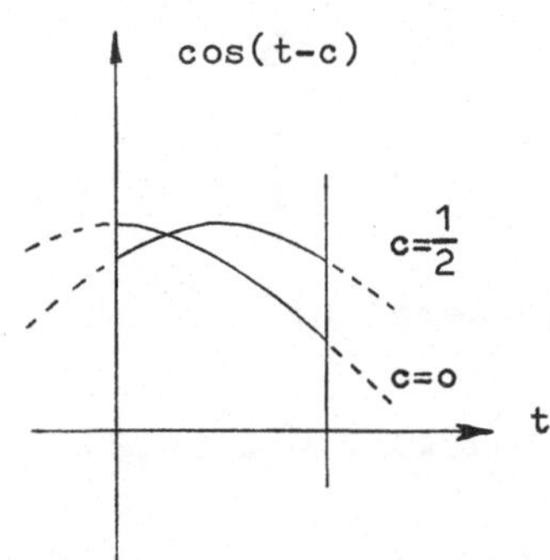

Diese maximiert aber nicht die Hamiltonfunktion

$$H(p^*,x^*,c)(t) = \cos\,(t-c)$$

denn z.B. sind $H(p^*,x^*,0)$ und $H(p^*,x^*,c^*)$ unvergleichbare Elemente des $L^1[0,1]$ in Bezug auf die durch punktweisen Vergleich gegebene Ordnung.

In Erinnerung an Bem. (7) zu Satz 2 in §7 entdeckt man aber, daß für alle $c \in [0,\frac{\pi}{2}]$

$$\int_0^1 H(p^*,x^*,c)(t)\,dt = \sin c + \sin(1-c) \leq 2 \sin\frac{1}{2} = \int_0^1 H(p^*,x^*,c^*)(t)\,dt$$

gilt.

Man könnte nun glauben, das Maximumprinzip von PONTRJAGIN würde auch für (MKT) gelten, wenn man nur die Bedingung der punktweisen Majorisierung (7.4) durch (7.5) ersetzt. Daß dies nicht zutrifft, zeigt unser nächstes

Beispiel 2

Ein Problem vom Typ (MKT) mit $n = 2$ und[17] $m = 1$. Die Treppenfunktionen u sollen wieder im ganzen Intervall $[0,1]$ konstant bleiben. Der Prozeß

$$x_1(t) = \int_0^t 3(s - u(s))^2\,ds$$

$$x_2(t) = \int_0^t u(s)\,ds;$$

der Steuerbereich:

$$u(t) \equiv c \in [0,2]$$

Die Zielfunktion

$$\psi(x(1)) = -(2 - x_1(1))^2 - x_2(1)^2 \to \sup$$

[17] Leider muß für dieses Beispiel $n \geq 2$ gewählt werden, da - dies ist die tiefere Ursache - mit einer stetigen Abbildung die konvexe Teilmenge SB auf eine nichtkonvexe abgebildet werden muß. Im R^1 sind aber die konvexen Teilmengen genau die zusammenhängenden und werden somit durch eine stetige Abbildung auf zusammenhängende, also konvexe Teilmengen abgebildet. Im R^2 gilt diese Äquivalenz von Konvexität und Zusammenhang nicht mehr.

Mit $u(t) = c \in [0,2]$

$$x_1(t) = c^3 + (t-c)^3 \; ; \quad x_1(1) = 1 - 3c + 3c^2$$
$$x_2(t) = ct \; ; \quad x_2(1) = c$$

sowie

$$ER(1) = \left\{ \begin{pmatrix} 1 - 3c + 3c^2 \\ c \end{pmatrix} \in R^2 \mid c \in [0,2] \right\}$$

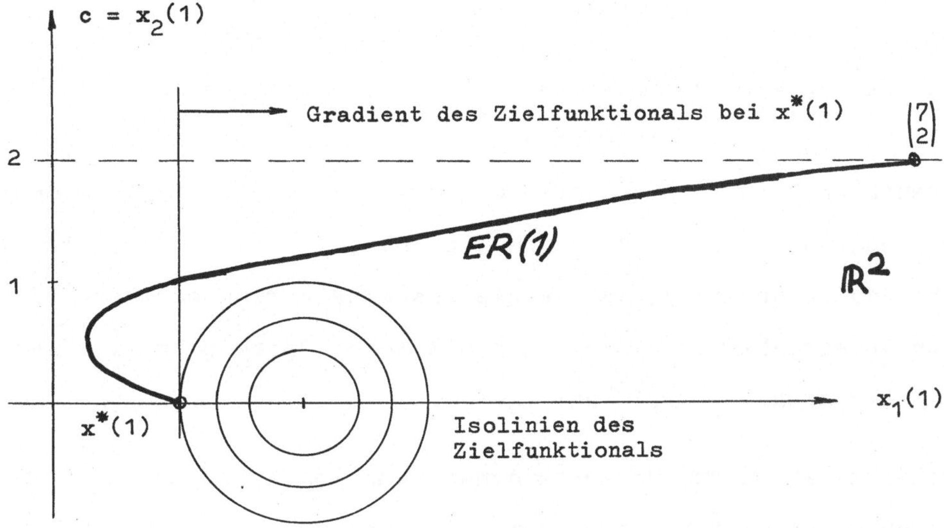

ER(1) ist ein Parabelstück; der $\begin{pmatrix} 2 \\ 0 \end{pmatrix}$ nächstgelegenste Punkt aus ER(1) ist $x^*(1) = \begin{pmatrix} 1 \\ 0 \end{pmatrix}$ und $u^* \equiv c^* = 0$ ist demnach die optimale Steuerung.

Weiter findet man $p^* \equiv \begin{pmatrix} 2 \\ 0 \end{pmatrix}$ wegen

$$(\text{grad}\, \psi)(x^*(1)) = \begin{pmatrix} 4 - 2x_1(1) \\ - 2x_2(1) \end{pmatrix} \Big/ \begin{pmatrix} 1 \\ 0 \end{pmatrix} = \begin{pmatrix} 2 \\ 0 \end{pmatrix}$$

und

$$\frac{\partial f}{\partial x} = \begin{pmatrix} 0 & 0 \\ 0 & 0 \end{pmatrix} \; ; \text{ also}$$

$$H(p^*, x^*, c)(t) = 6(t-c)^2 \; .$$

Wie schon bei Beispiel 1 gilt auch hier n i c h t $6(t-c)^2 \leq 6(t-c^*)^2$ für alle $c \in [0,2]$ und alle $t \in [0,1]$; darüberhinaus ist auch die Ungleichung

$$\int_0^1 H(p^*,x^*,c)(t)dt = 2(1 - 3c + 3c^2) \leq 2 = \int_0^1 H(p^*,x^*,c^*)(t)\,dt$$

nicht für a l l e $c \in [0,2]$ gültig, sondern nur für solche Steuerungen, die in einer ε - Umgebung um u^* und in Q_u liegen.

In der Tat werden wir in §10 sehen, daß im wesentlichen die Globalität ("für alle $u \in Q_u$") in der Maximalitätsbedingung bei den in diesem §en untersuchten Problemen verloren gegangen ist. Die Bedeutung des Sachverhaltes, daß bei Problemen vom Typ (MKT) überdies (7.4) und (7.5) nicht mehr äquivalent sind, ist vergleichsweise gering einzustufen. Bei den nun zu untersuchenden diskreten dynamischen Systemen gilt (7.4) $\Leftrightarrow$ (7.5); auf den diskreten Fall umformuliert.

Um das Maximumprinzip auf diskrete dynamische Stufenprozesse, vergl.§5, zunächst wenigstens formal übertragen zu können, formulieren wir den Prozeß im Gegensatz zu (5.4) in der Terminologie der Differenzengleichungen, auf die wir in (5.23) und (5.24) bereits eingegangen sind:

Durch

(9.2) $$x(i) = a + \sum_{\nu=0}^{i-1} f(x(\nu), u(\nu)) \qquad \text{für} \quad i = 0(1)k$$

(9.3) $$u(\nu) \in SB \subset R^m \qquad \text{für} \quad \nu = 0(1)k-1$$

(9.4) $$\psi(x(k)) \to \sup$$

ist ein Beispiel für ein Problem vom Typ (MD) gegeben, für das wir die Aussagen des Maximumprinzips zunächst formal übertragen. Sei also u^* eine optimale Politik und x^* die zugehörige Lösung von (9.2). Die

Kozustandsvariable $p^* : \{0,1,\ldots,k\} \to R^n$ ist dann als Lösung des Differenzensystems

$$(9.5) \quad \begin{aligned} p^{(i+1)} - p^{(i)} &= - \frac{\partial f}{\partial x} (x^*(i),u^*(i))^T \, p^{(i+1)} \\ p(k) &= (\mathrm{grad}\ \psi)(x^*(k)) \end{aligned}$$

zu definieren. Die Maximalitätsbedingung der Hamiltonfunktion lautet umformuliert:

(9.6) für alle $u \in SB^k$ und alle $i = 0(1)k-1$ gilt:

$$p^*(i+1)^T f(x^*(i),u(i)) \leq p^*(i+1)^T f(x^*(i),u^*(i))$$

Aber selbst wenn man die üblichen Voraussetzungen (V1)...(V4) aus §7 entsprechend auf das diskrete System (9.2)...(9.4) überträgt und zeigt, daß sie erfüllt sind, ist das sog. DISKRETE MAXIMUMPRINZIP : "u^* optimal $\Rightarrow$ (9.6)" nicht gültig. Nur zusätzliche Voraussetzungen die allerdings den Anwendungsbereich stark einschränken, wie etwa die Konvexitätsforderung

(9.7) für alle $x \in X$ und zu allen (9.3) erfüllenden Politiken u', u'' und für alle $\alpha \in (0,1]$ gibt es eine zulässige Politik $\hat{u}$ mit

$$f(x(i),\hat{u}(i)) = \alpha \cdot f(x(i),u'(i)) + (1 - \alpha) \cdot f(x(i),u''(i))$$

für alle $i = 0(1)k-1$

garantieren[18] die Gültigkeit des diskreten Maximumprinzips.

Wie ist dieser Sachverhalt zu erklären?

---

[18] Diese Bedingung ist zwar hinreichend, aber nicht notwendig für die Gültigkeit des diskreten Maximumprinzips. Geeignete Abschwächungen von (9.7), wie etwa die directional convexity requirements in [37], verringern nur unwesentlich die durch (9.7) bedingte Einschränkung des Anwendungsbereiches des diskreten Maximumprinzips. Auch die Richtungskonvexität ist nicht notwendig für die Gültigkeit des Maximumprinzips. Es erübrigt sich jetzt näher darauf einzugehen, da wir in §10 ein Kriterium (Satz 5) aufstellen werden.

Wie bereits im Beweis zu Satz 2 angedeutet wurde, handelt es sich beim Maximumprinzip von PONTRJAGIN um eine lokale notwendige Bedingung für Optimalität (Resultat einer teilweisen Linearisierung des durch f gegebenen Prozesses sowie der Linearisierung von ψ in den Transversalitätsbedingungen), die anschließend globalisiert wurde. Die Analyse in §10 zeigt, daß die Linearisierungen auch bei den Problemen (MKT) und (MD) durchführbar sind, die Globalisierung jedoch nur durch Zusatzvoraussetzungen möglich wird[19].

---

[19] Man erinnere sich an die Punkte (i) und (ii) der Zusammenfassung in §8.

§10 LINEARISIERUNG UND GLOBALISIERUNG

Die Übereinstimmung der aus der direkten Methode resultierenden Rechenvorschrift zur iterativen Verbesserung der Steuerungen mit demjenigen Algorithmus, den PONTRJAGINsches Maximumprinzip und Max - H - Methode liefern, kann nur erklärt werden, wenn es gelingt beide Prinzipien unter gemeinsamen Gesichtspunkten zu betrachten. Dazu müssen vor allem die von der direkten Methode vorgenommenen Linearisierungen mit denen verglichen werden, die im PONTRJAGINschen Prinzip enthalten sind. Außerdem sollen dessen Globalisierung sowie die Möglichkeiten zu dessen konstruktiver Nutzung ihre Deutung erfahren.

Zu diesem Zweck

(i) stellen wir neben das konstruktive Verfahren der direkten Methode eine genau ihr entsprechende "notwendige Bedingung für die Optimalität"

und

(ii) geben ein Gradientenprinzip an, aus dem sich beide Bedingungen für Optimalität - die der direkten Methode aus (i) wie die von PONTRJAGIN - herleiten lassen.

Kern dieses Gradientenprinzips ist die folgende Problemstellung:

(10.1)
$$\begin{array}{lcl} V & & \\ \cup & & \\ Q_V & \xrightarrow{\xi} & R \end{array}$$

gegeben ist ein normierter linearer Raum V und eine Teilmenge Q_V. Auf V, mindestens aber auf Q_V sei ein reelles

Funktional ξ definiert. Durch ξ wird auf Q_V eine Quasiordnung (Funktionalordnung, vergl. Anhang) induziert. Gesucht ist ein bezüglich dieser Quasiordnung größtes Element von Q_V [20].

Ziel ist es, ein solches, optimal genanntes, v^* mit

(10.2) $\quad v^* \in Q_V \quad$ und $\quad \xi(v) \leq \xi(v^*) \quad$ für alle $\quad v \in Q_V$

aus ξ und Q_V zu berechnen. Dies ist nur dann trivial, wenn ξ linear und Q_V nicht pathologisch vorgegeben ist. Im allgemeinen kann man nur auf die notwendige Bedingung

(10.3) $\quad v^*$ ist optimal $\Rightarrow \xi(v) \leq \xi(v^*) \quad$ für alle $\quad v \in Q_V \quad$ mit $|v - v^*|_V \leq \varepsilon$

zurückgreifen: denn nur lokal in der ε - Umgebung von v^* wird die betrachtete Quasiordnung durch eine lineare Approximation von ξ einer praktischen Berechnung zugänglich: existiert der verallgemeinerte Gradient $\operatorname{grad} \xi : V \to V^{du}$ des Funktionals an der Stelle v^*, so wird aus (10.3) für genügend kleines $\varepsilon > 0$

(10.4 $\quad v^*$ ist optimal $\Rightarrow (\operatorname{grad} \xi)(v^*)(v) \leq (\operatorname{grad} \xi)(v^*)(v^*)$ für alle $\quad v \in Q_V \quad$ mit $|v - v^*|_V \leq \varepsilon$

---

[20] Da wir Möglichkeiten zur Berechnung eines solchen größten Elementes untersuchen, setzen wir seine Existenz voraus. Hinreichende Bedingungen für die Existenz sind etwa: Präkompaktheit von Q_V und Beschränktheit von ξ sichern die Existenz von $\sup Q_V$; wegen der Konnexität der Quasiordnung auf Q_V folgt etwa aus der Vollständigkeit von V und der Abgeschlossenheit von Q_V wie gewünscht $\sup Q_V \in Q_V$

Dieser notwendigen Bedingung[21] entspricht nun genau das Gradientenverfahren, bei dem man, ausgehend von einem $v^{(o)} \in Q_v$ als Start, $v^{(i)}$ in Richtung[22] von $(\text{grad}\ \xi)(v^{(i)})$ zu einem $v^{(i+1)}$ korrigiert, das auch in Q_v liegt. Umgekehrt konvergiert dieses Gradientenverfahren zu einem $v^* \in Q_v$ auf das die rechte Seite (i.a. aber nicht die Linke) von (10.4) zutrifft.

Zum Abschluß der Untersuchungen vom Problem (10.1) fragen wir nach der Möglichkeit der Globalisierung der gefundenen notwendigen Bedingung für Optimalität (10.4): unter welchen Voraussetzungen darf die lokale Bedingung "für alle $v \in Q_v$ mit $|v - v^*| \leq \varepsilon$" durch die globale "für alle $v \in Q_v$" ersetzt werden?

Im allgemeinen wird dies nicht möglich sein: außerhalb der ε - Umgebung von v^* kann es ein $v_a \in Q_v$ mit $\xi(v_a) < \xi(v^*)$ und $\xi_{lin}(v_a) > \xi_{lin}(v^*)$, wobei $\xi_{lin} := (\text{grad}\ \xi)(v^*) \in V^{du}$ abgekürzt ist[23], geben. Eine notwendige und hinreichende Voraussetzung zur Globalisierung ist angegeben in

Satz 5

Genau dann, wenn (für alle $\varepsilon > o$)

(10.5) zu allen $v_b \in Q_v$ mit $\xi_{lin}(v_b) > \xi_{lin}(v^*)$ gibt es ein $v_c \in Q_v$ mit $|v_c - v^*| \leq \varepsilon$ und $\xi_{lin}(v_c) > \xi_{lin}(v^*)$

gilt, sind (10.4) und

---

[21] Der Fall, bei dem $(\text{grad}\ \xi)(v^*)$ = Nullfunktional $\in V^{du}$, ist darin mitenthalten, eine geometrische Interpretation mit Stützhyperebenen ist dann aber nicht mehr möglich.

[22] Da V nicht notwendig ein unitärer Raum ist, erweist sich $(\text{grad}\ \xi)(v^{(i)})$ nur als Element des (algebraisch) dualen Raumes V^{du}. Dennoch ist klar, was gemeint ist.

[23] $\xi_{lin}(v)$ ist der Funktionswert der linearen Abbildung ξ_{lin} an der Stelle v, während $(\text{grad}\ \xi)(v^*)$ die Ableitung von ξ an der Stelle v^* ist, also gerade das lineare Funktional ξ_{lin}.

(10.6) v^* ist optimal $\Rightarrow$ für alle $v \in Q_V$ gilt $\xi_{lin}(v) \leq \xi_{lin}(v^*)$

äquivalent.

Beweis: (10.4) $\Leftarrow$ (10.6) gilt immer; zu zeigen ist also nur (10.5) $\Leftrightarrow$ [(10.4) $\Rightarrow$ (10.6)], was jedoch in beiden Richtungen trivial ist.

Das Modell (10.1) und die anschließenden elementaren Überlegungen erlauben nun die gleichzeitige Herleitung und den Vergleich sowohl der direkten Mathode als auch des Prinzips von PONTRJAGIN. Dazu muß man (10.1) nur geeignet auf die von uns untersuchten Optimierungsprobleme[24] ansetzen. Dies geschieht in Satz 6; zuvor bringen wir diese Optimierungsprobleme[24] auf eine dem Modell (10.1) angepaßte Form.

In dem Ausgangsmodell

$$(10.7) \quad \begin{cases} x = Fu \\ u \in Q_u \\ \psi\ (x(1)) \to \sup \end{cases}$$

wird der Prozeß durch den Operator $F : U \to X$ (mindestens auf Q_u ist F nach V1 bzw. (OP_3) aus §1 definiert) beschrieben, der jeder Steuerung $\hat{u}$ ihre Zustandsvariable $\hat{x}$ zuordnet. F als Rechenvorschrift betrachtet, umfaßt somit zwei nacheinander auszuführende Schritte: zunächst wird $\hat{u}$ in f "eingesetzt", Ergebnis ist eine neue Funktion "$f(-,\hat{u})$" für die dann als zweiter Schritt das DGLsystem gelöst wird.

---

[24]Es handelt sich um alle Probleme, für die sich das Maximumprinzip von PONTRJAGIN formulieren läßt (diese Aufgabenstellungen sind ein Teil derjenigen, auf die sich die direkte Methode anwenden läßt); die exemplarische Beschränkung auf das Kontrollproblem (MK) aus Satz 4, (MKT) und (MD) aus §§ 3, 5, 9 ist angezeigt. Überdies genügt es, alles für kontinuierliche Problemstellungen zu formulieren; mit der Schreibtechnischen Ersetzung von $[0,1]$ durch $\{0,1,\ldots,k\}$ und $\int$ durch Σ etc. ist (MD) miterfaßt.

Wir zerlegen also F und schreiben diesen Operator als Komposition $F = Lö \circ ES$ zweier Abbildungen:

(10.8) ES (kanonische Einsetzung)

$$ES : Q_u \longrightarrow \Omega \text{ , } \hat{u} \longrightarrow \hat{\omega}$$

Dabei ist $\Omega = [R^n \times [o,1] \longrightarrow R^n]$ die Menge aller Abbildungen von $R^n \times [o,1]$ in den R^n und

$\hat{\omega} := ES(\hat{u}) \in \Omega$ ist definiert durch

$$\omega(q,t) = f(q, \hat{u}(t)) \quad \text{für alle} \quad q \in R^n \quad \text{und} \quad t \in [o,1]$$

Wichtig ist das Bild von Q_u unter ES,

$$Q_\omega := \{\omega | \omega = ES(u) \text{ und } u \in Q_u\} \subset \Omega$$

und

(10.9) Lö (Lösung des DGLsystems bzw. der Integralgleichung)

$$Lö : Q_\omega \longrightarrow X \text{ , } \hat{\omega} \longrightarrow \hat{x}$$

wobei $\hat{x}$ Lösung von

$$x(t) = a + \int_o^t \hat{\omega}(x(s), s)\, ds$$

ist.

Mit dem Restriktionsoperator

(10.10) $$\sigma : X \to R^n \text{ , } \hat{x} \to \hat{x}(1)$$

ist es möglich, das Modell (10.7) ausführlich als dreizeiliges Diagramm darzustellen:

$$\begin{array}{ccccccccc} U & & \Omega & & & & & & \\ \cup & & \cup & & & & & & \\ Q_u & \xrightarrow{ES} & Q_\omega & \xrightarrow{L\breve{o}} & X & \xrightarrow{\sigma} & R^n & \xrightarrow{\psi} & R \\ & & & & & & & & \\ \hat{u} & \longrightarrow & \hat{\omega} & \longrightarrow & \hat{x} & \longrightarrow & \hat{x}(1) & \longrightarrow & \psi(\hat{x}(1)) \end{array} \tag{10.11}$$

Und nun der vergleichende

Satz 6

α) Identifiziert man in den Diagrammen (10.1) und (10.11)

$$V := \Omega$$
$$Q_V := Q_\omega$$
$$\xi := \psi \circ \sigma \circ L\breve{o} \circ ES$$

so stimmt (10.4) und das anschließende Gradientenverfahren mit der direkten Methode überein.

β) Identifiziert man in den Diagrammen (10.1) und (10.11)

$$V := \Omega$$
$$Q_V := Q_\omega$$
$$\xi := \psi \circ \sigma \circ L\breve{o}$$

so stimmt (10.6) mit dem Maximumprintip von PONTRJAGIN überein.

Die direkte Methode linearisiert demnach den gesamten Prozeß $\psi \circ \sigma \circ L\breve{o} \circ ES$, während sich das PONTRJAGINsche Prinzip als Globalisierung einer lokalen Bedingung, die aus der Linearisierung von $\psi \circ \sigma \circ L\breve{o}$ resultiert, herausstellt.

Beweis zu Satz 6

Die Behauptung in α) ergibt sich unmittelbar aus den §§ 1 und 2. Wenden wir uns also β) zu:

Zunächst erweist sich Ω mit der durch den R^n induzierten algebraischen Struktur

$$\begin{aligned} &(\omega' + \omega'')(q,t) := \omega'(q,t) + \omega''(q,t) \\ &(r\omega')(q,t) := r \cdot \omega'(q,t) \qquad (10.12) \\ &\text{für } q \in R^n, \ t \in [0,1] \text{ und } r \in R \end{aligned}$$

als ein linearer Raum, auf dem durch

$$|\omega|_\Omega := \int_0^1 \sup \{|\omega(q,t)|_{R^n} ; q \in R^n \text{ und } |q| = 1\}^2 \, dt^{\frac{1}{2}} \qquad (10.13)$$

eine Norm erklärt wird.

Sodann zeigen wir, daß sich

$$\text{grad}(\psi \circ \sigma \circ L\ddot{o}) : \Omega \to \Omega^{du}$$

an der Stelle $\omega^* \in Q_\omega$ berechnet zu:

$$\text{grad}(\psi \circ \sigma \circ L\ddot{o})(\omega^*) : \omega \xrightarrow{\text{linear}} \int_0^1 p^*(t)^T \, \omega((L\ddot{o}\omega^*)(t), t) \, dt$$

wobei p^* Lösung(im verallgemeinertem Sinn) von

$$\begin{aligned} &\dot{p}(t) = - \frac{\partial \omega^*}{\partial 1} ((L\ddot{o}\omega^*)(t), t)^T \, p(t) \qquad (10.14) \\ &p(1) = (\text{grad } \psi)(L\ddot{o}\omega^*)(1) \end{aligned}$$

ist[25].

Denn für alle ω mit $|\omega^* - \omega|_\Omega \le \varepsilon$ gilt:

$$(\psi \circ \sigma \circ L\ddot{o})(\omega^*) - (\psi \circ \sigma \circ L\ddot{o})(\omega) = \psi((L\ddot{o}\omega^*)(1)) - \psi((L\ddot{o}\omega)(1)) =$$

$$= (\text{grad } \psi)((L\ddot{o}\omega^*)(1)) - (\text{grad } \psi)((L\ddot{o}\omega)(1)) + o(|(L\ddot{o}\omega^*)(1) - (L\ddot{o}\omega)(1)|)$$

---

25 $\frac{\partial}{\partial 1}$ bezeichnet die partielle Differentiation nach dem ersten Argument.

$$= p^*(1)^T((L\ddot{o}\omega^*)(1)) - p^*(1)^T((L\ddot{o}\omega)(1)) + o(\varepsilon) =$$

$$= p^*(1)^T((L\ddot{o}\omega^*)(1) - (L\ddot{o}\omega)(1)) + o(\varepsilon) = \text{partielle Integration} =$$

$$= p^*(o)^T((L\ddot{o}\omega^*)(o) - (L\ddot{o}\omega)(o)) + \int_o^1 p^*(t)^T \frac{d}{dt} [(L\ddot{o}\omega^*)(t) - (L\ddot{o}\omega)(t)] +$$

$$+ \frac{d}{dt} p^*(t)^T((L\ddot{o}\omega^*)(t) - (L\ddot{o}\omega)(t))\, dt + o(\varepsilon) = o +$$

$$+ \int_o^1 p^*(t)^T [\omega((L\ddot{o}\omega^*)(t),t) - ((L\ddot{o}\omega)(t),t] -$$

$$p^*(t)^T \frac{\partial\omega}{\partial 1}((L\ddot{o}\omega^*)(t),t)[(L\ddot{o}\omega^*)(t) - (L\ddot{o}\omega)(t)]\, dt + o(\varepsilon) =$$

$$= \int_o^1 p^*(t)^T \omega^*((L\ddot{o}\omega^*)(t),t)\, dt -$$

$$\int_o^1 p^*(t)^T[\omega((L\ddot{o}\omega^*)(t),t) + \frac{\partial\omega}{\partial 1}((L\ddot{o}\omega^*)(t),t)[(L\ddot{o}\omega^*)(t) - (L\ddot{o}\omega)(t)]]\, dt$$

$$+ o(\varepsilon) =$$

$$= \int_o^1 p^*(t)^T \omega^*((L\ddot{o}\omega^*)(t),t)\, dt - \int_o^1 p^*(t)^T \omega((L\ddot{o}\omega^*)(t),t)\, dt + o(\varepsilon) + o(\varepsilon)$$

$$= \text{grad}(\psi \circ \sigma \circ L\ddot{o})(\omega^*)(\omega^*) - \text{grad}(\psi \circ \sigma \circ L\ddot{o})(\omega^*)(\omega) + o(\varepsilon)\,,$$

wie in (10.14) angegeben.

(10.15) ω^* ist optimal, d.h. liefert einen größtmöglichen Wert des Funktionals $\psi \circ \sigma \circ L\ddot{o}$

$\Rightarrow$

$$\int_o^1 p^*(t)^T \omega(L\ddot{o}\omega^*)(t),t)\, dt \leq \int_o^1 p^*(t)^T \omega^*((L\ddot{o}\omega^*)(t),t)\, dt$$

für alle $\omega \in Q_\omega$

Bedenkt man, daß es zu jedem $u \in Q_u$ ein $\omega \in Q_\omega$ mit $\omega = ES(u)$ gibt, so geht (10.15) über in

(10.16) u^* ist optimal, d.h. liefert einen größtmöglichen Wert des Funktionals $\psi \circ \sigma \circ L\ddot{o} \circ ES$

$\Rightarrow$

$$\int_0^1 p^*(t)^T f(x^*(t), u(t))\,dt \le \int_0^1 p^*(t)^T f(x^*(t), u^*(t))\,dt$$

für alle $u \in Q_u$

Nach Bemerkung (7) aus §7 ist aber die Ungleichung der Integrale in (10.16) äquivalent mit der entsprechenden Ungleichung der Integranden für alle $t \in [0,1] \setminus$ Nullmenge. Das ist gerade die Maximumbedingung von PONTRJAGIN.

Damit ist Satz 6 bewiesen.

Noch nicht geklärt ist, ob bei der in Satz 6 durchgeführten Gleichsetzung $V := \Omega$, $Q_V := Q_\omega$ und $\xi := \psi \circ \sigma \circ$ Lö die Globalisierung der Bedingung (10.4) zu (10.6) überhaupt durchführbar ist. Während die Linearisierungen von $\psi \circ \sigma \circ$ Lö für die verschiedenen Problemtypen (MK), (MKT) und (MD) gleich sind, müssen zur Beantwortung dieser Frage Fallunterscheidungen getroffen werden:

für (MK) ist die Voraussetzung (10.5) in Satz 5 in natürlicher Weise erfüllt, wie aus dem vierten Beweisteil (iv) von Satz 2 hervorgeht;

für (MKT) ist (10.5) nicht notwendig erfüllt. Soll eine optimale Steuerung u^* für (MKT) dennoch die globale Bedingung (10.16) erfüllen, dann muß eine Zusatzvoraussetzung die Gültigkeit von (10.5) sichern;

für (MD) gilt ähnliches: in dem diskreten Maximumprinzip gilt die Maximalität der Hamiltonfunktion nur dann g l o b a l , wenn eine Zusatzvoraussetzung, etwa (9.7), sichert, daß (10.5) erfüllt ist.

Auch die in Kap. 4 gefundenen Möglichkeiten zur konstruktiven Nutzung des PONTRJAGINschen Maximumprinzips werden nun durchsichtiger. Dazu geht man von (10.15) aus und findet, daß in dieser Kernbedingung drei gesuchte "Unbekannte": $\omega^* \in \Omega$, $x^* = L\ddot{o}\omega^* \in X$ und $p^* \in P$ beteiligt sind. Ziel jeder konstruktiven Anwendung von (10.15) ist es, gemeinsame Nullstellen, ω^*, x^*, p^* der Funktionale

$$\alpha_1(\omega,x) = \|x - L\ddot{o}\omega\|_X$$

(10.17) $$\alpha_2(\omega,x,p) = \|p(t) - (\text{grad }\psi)(x(1)) + \int_t^1 \frac{\partial\omega}{\partial 1}(x(s),s)^T p(s)\,ds\|_P$$

$$\alpha_3(\omega,x,p) = [\sup_{\hat{\omega}\in Q_\omega} \int_0^1 p(t)^T\hat{\omega}(x(t),t)\,dt] - \int_0^1 p(t)^T\omega(x(t),t)\,dt$$

zu berechnen. Es ist klar, welche Methoden dazu in Frage kommen:

I Die Eliminationsmethode. Man versucht eine der Gleichungen $\alpha_1(\omega,x) = 0$, $\alpha_2(\omega,x,p) = 0$, $\alpha_3(\omega,x,p) = 0$ explizit nach einer Unbekannten aufzulösen und kann so in den anderen beiden Gleichungen diese Unbekannte eliminieren. Nur solche Eliminationen sind sinnvoll, bei denen die verbleibenden beiden Gleichungen gelöst werden können. Wegen der Besonderheiten der vorliegenden Funktionale α_1, α_2 und α_3 ist es nur sinnvoll, α_3 nach ω explizit aufzulösen. Dies ist aber schwer, vor allem weil Q_ω kein konvexer Quader wie Q_u ist. Man muß sich an $\omega = ES(u)$ erinnern und versuchen, die implizite Gleichung $\alpha_3(ES(u),x,p) = 0$ explizit nach u aufzulösen: $u = \gamma(p,x)$. Dabei muß natürlich ES invertierbar sein, das ist der Fall, wenn f "von einfacher Gestalt" ist.

II Die Iterationsmethode. Eine Folge von Tripeln $\{x^{(i)}, \omega^{(i)}, p^{(i)}\}_{i\in\mathbb{N}}$ wird ermittelt, wobei die Trippel für alle i Nullstellen zweier der Funktionale sind und sich einer Nullstelle des dritten Funktionals nähern. Die Besonderheiten von α_1, α_2 und α_3 legen wiederum eine der vielen denkbaren Möglichkeiten fest: aus $\omega^{(i)}$ errechnet sich mit Lö das $x^{(i)}$ mit $\alpha_1(\omega^{(i)}, x^{(i)}) = o$; daraus durch einfache Integration das $p^{(i)}$ mit $\alpha_2(\omega^{(i)}, x^{(i)}, p^{(i)}) = o$. Den Gradienten $\frac{\partial \alpha_3}{\partial \omega}/_{(i)}$ kann man unmittelbar aus (10.17) ablesen, dennoch kann man keine Korrektur $\Delta\omega$ für $\omega^{(i)}$ damit berechnen, weil Q_ω kein konvexer Quader wie Q_u ist. Man erinnert sich an $\omega^{(i)} = ES(u^{(i)})$, betrachtet $\alpha_3(ES(u^{(i)}) , x^{(i)}, p^{(i)})$ als Funktional auf U und berechnet als Gradienten

$$\frac{\partial \alpha_3}{\partial u}/_{(i)} = \frac{\partial \alpha_3}{\partial \omega}/_{(i)} \cdot \frac{\partial \omega}{\partial u}/_{(i)} = \frac{\partial \alpha_3}{\partial \omega}/_{(i)} \circ ES'/_{(i)} .$$

Bei dieser Methode wird somit nicht ES^{-1} benötigt, sondern nur die F r é c h e t a b l e i t u n g von ES , die man über $\partial f/\partial y$ berechnet.

Wegen $\frac{\partial \alpha_3}{\partial \omega}/_{\omega^{(i)}} \cdot ES'/_{u^{(i)}} = \text{grad } (\psi \circ R \circ Lö)/_{\omega^{(i)}} \cdot ES'/_{u^{(i)}}$ $= \text{grad } (\psi \circ R \circ Lö \circ ES)/_{u^{(i)}}$ stimmt diese Max - H - Methode mit der direkten Methode überein.

§11 ZUSAMMENFASSENDER VERGLEICH

(1) Während die direkte Methode eine große Anzahl verschiedener Arten von Optimierungsproblemen in Funktionenräumen in einem einzigen Modell beschreibt und nach einheitlichen Gesichtspunkten löst - das Tupel (X,U,Q_x,Q_u,T,S) aus §1 beschreibt neben den bereits untersuchten Aufgabentypen (MK), (MKT) der Kontrolltheorie und den diskreten dynamischen Stufenprozessen aus §5 auch Mehrpunkt-Randwertprobleme bei gewöhnlichen DGLsystemen, Optimierungsprobleme mit Integrodifferentialgleichungen als Nebenbedingungen etc., vergl. §12 - ist das Maximumprinzip von PONTRJAGIN nur für einige wenige dieser Problemstellungen formulierbar.

(2) Bereits vor einer konstruktiven Nutzung des Maximumprinzips von PONTRJAGIN ergeben sich einige Schwierigkeiten:

sinnvollerweise muß vor der Anwendung die Existenz einer optimalen Steuerung bzw. Politik bewiesen werden. Solche Existenzbeweise sind i.a. kompliziert und für die Belange der Praxis unerheblich, da man sich auch mit einer fast optimalen Steuerung zufrieden geben würde. Außerdem müssen für die Existenzbeweise die beteiligten Funktionenräume vollständig sein und man muß für das Maximumprinzip mit den L^p-Räumen und dem LEBESGUE-Integral arbeiten.

das Maximumprinzip ist nur eine notwendige Bedingung für Optimalität. Hinreichend ist es nur in dem trivialen Fall, bei dem ψ ein lineares Funktional und f linear in $x(t)$ ist.

bei diskreten Problemen gilt das Maximumprinzip nur unter einer zusätzlichen Voraussetzung, die aber den Anwendungsbereich stark einschränkt.

Darüberhinaus ist das Prinzip selbst sehr unkonstruktiv; der von Pontrjagin angegebene Beweis läßt kaum eine Möglichkeit der konstruktiven Nutzung erkennen. Überdies ist die Übertragung des Prinzips auf modifizierte Aufgabenstellungen sehr schwierig, vergl. §9.

(3) Dennoch gibt es zwei grundsätzliche Wege zur Berechnung wenigstens einer Steuerung (Politik), die das Maximumprinzip erfüllt: die ELIMINATIONSMETHODE und die ITERATIVE MAXIMIERUNG der Hamiltonfunktion. Die Eliminationsmethode ist nur in einfach gelagerten Fällen anwendbar (präzisiert in §8 und §10); auch wenn das entstehende Randwertproblem iterativ, etwa mit QUASILINEARISIERUNG, gelöst wird.

Die Konvergenz der iterativen H-maximierungen ist aus dem von PONTRJAGIN angegebenen Satz und Beweis nicht erkennbar und muß aus anderen Quellen gefolgert werden. Die Max - H - Methode liefert dieselbe Rechenvorschrift wie die DIREKTE METHODE aus §§1,2.

(4) Die Ursachen: das Maximumprinzip von PONTRJAGIN ist eine durch t e i l w e i s e L i n e a r i s i e r u n g des Prozesses gewonnene lokale Bedingung, die anschließend unter Verwendung spezieller Besonderheiten der gewählten Menge zulässiger Steuerungen bei dem Problem (MK) umformuliert wird.

Somit ist dieses Prinzip von vornherein nicht für allgemeine Optimierungsprobleme (X,U,Q_x,Q_u,T,S) formulierbar, sondern nur für Probleme, die durch einen Prozeß charakterisiert sind. Das sind die Probleme (MK), (MKT) und (MD). für diese drei Typen von Aufgabestellungen ist die teilweise Linearisierung möglich und daher o.a. lokale notwendige Bedingung für die Optimalität gültig.

Die anschließenden Umformulierungen sind jedoch nicht für alle drei Problemstellungen gleichermaßen möglich:

die G l o b a l i s i e r u n g der lokalen Bedingung ist genau dann möglich, wenn das Kriterium (10.5) in Satz 5 erfüllt ist. Bei (MK) ist dieses Kriterium in natürlicher Weise erfüllt, bei (MKT) und (MD) jedoch nicht, man muß Zusatzvoraussetzungen der Art (9.7) aufstellen.

die Umformulierung der Maximierung eines Skalarproduktes in die p u n k t w e i s e M a x i m i e r u n g der Hamiltonfunktion ist nur bei (MK) und (MD) möglich, und bei diesen beiden Problemen auch nur dann, wenn die Menge zulässiger Steuerungen Q_u durch einen Steuerbereich SB als Zylinder definiert ist, nicht aber etwa durch eine Kugel im Raum U.

(5) Die konstruktiven Anwendungen des Maximumprinzips von PONTRJAGIN befassen sich mit dem noch nicht linearisierten Teil des Prozesses. Bei der Eliminationsmethode wird dieser Teil, der Operator ES, i n v e r t i e r t , weswegen diese Methode nur in einfach gelagerten Fällen anwendbar ist. Bei der iterativen Max - H - Methode wird ieser Teil l i n e a r i s i e r t , also die FRÉCHETableitung ES' berechnet: insgesamt wird wie bei der direkten Methode der ganze Prozeß linearisiert.
Die zusätzlichen Umformulierungen des Maximumprinzips, wie die Globalisierung, finden dabei keine Verwendung.

Man vergleiche das gegenüberliegende Diagramm.

(6) Bei linearen Problemstellungen ist das Maximumprinzip eine Umformulierung einfachster Art: die (teilweise) Linearisierung entfällt, die Globalisierung erübrigt sich. Deshalb ist es dann auch eine hinreichende Bedingung für die Optimalität.
Lit.: der Zusammenhang der direkten Methode mit dem Maximumprinzip ist in [69] diskutiert.

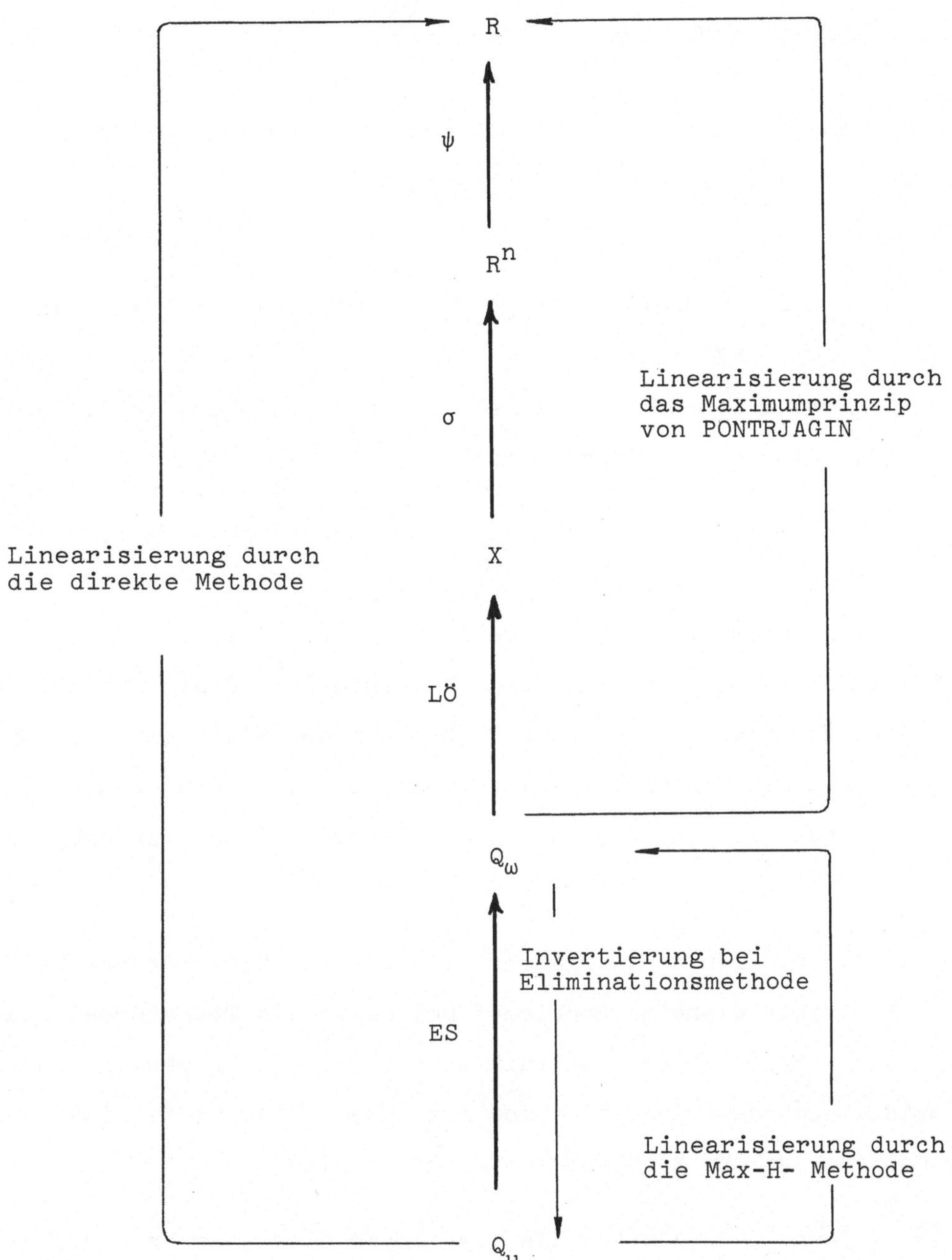
R
ψ
R^n
σ
Linearisierung durch
das Maximumprinzip
von PONTRJAGIN
Linearisierung durch
die direkte Methode
X
Lö
Q_ω
Invertierung bei
Eliminationsmethode
ES
Linearisierung durch
die Max-H- Methode
Q_u

§12 WEITERE ANWENDUNGEN DER DIREKTEN METHODE

Zu der in §1 ausführlich erläuterten direkten Methode betrachteten wir im wesentlichen zwei Klassen von Anwendungen:

(1) Kontinuierliche Probleme

a) Stückweise stetige Funktionen als Kontrollvariable, (MK) in §2

b) Treppenfunktionen als Kontrollvariable, (MKT) in §3

(2) Diskrete Probleme, (MD) in §5

Die angeführten Problemklassen spielen in der bisherigen Praxis eine beherrschende Rolle. Zum Teil rührt dies daher, daß viele praktische Aufgabenstellungen aus Wirtschaft und Technik durch (1) bzw. (2) mathematisch erfaßt und gelöst werden können. Zum andern sind die Formalismen in beiden Fällen relativ einfach; z.B. hat man es bei (1) nur mit Systemen von gewöhnlichen Differentialgleichungen zu tun, wofür heute bereits überall schnelle und leistungsfähige Programme zur Verfügung stehen.

Nun gibt es - vor allem bei Aufgabenstellungen aus Naturwissenschaft und Technik - viele wichtige Probleme, bei denen die Transformationsgleichung von komplizierterer Gestalt ist als etwa eine gewöhnliche Differentialgleichung. Die Def. 1 und das Modell (A) aus §1 sind so allgemein, daß auch solche Probleme damit erfaßt sind.

In den §§ 2, 3 und 5 wurden für die jeweiligen Klassen sehr ausführlich die Rechenschritte erläutert. Im Prinzip sind, wie auch schon aus §1 hervorgeht, immer folgende Aufgaben zu lösen:

(I) Gewinn einer Ausgangslösung

(II) Linearisierung

(III) Lösung des linearisierten Problems

(a) Lösung der adjungierten Aufgabe

(b) Berechnung der verbesserten Politik

(c) Berechnung des neuen Zustandes

bzw. wie in §6 wenn Beschränkungen für die Zustandsvariablen beachtet werden müssen.

(IV) Danach gegebenenfalls weiter bei (II)

Im folgenden wollen wir einige weitere Anwendungsmöglichkeiten für Modell (A) skizzieren.

Überbestimmte Randwertprobleme

Mathematische Problemstellung:

(12.1) $\dot{x}(t) = f(x(t), k)$ für $t \in [o,1]$

(12.2) $x_i(t_j) = w_{ij}$ für $t_j \in [o,1]$ und $j=o(1)l$
$i \in N_j \subset \{1,2,\ldots,n\}$

$x \in (L^2[o,1])^n$ und $k \in R^q$

D.h. die rechte Seite der Differentialgleichung wird durch die q-dimensionale Konstante k gesteuert. Der n-dimensionale Anfangsvektor $x(o) = a$ ist ebenfalls als Steuergröße aufzufassen, so daß wir insgesamt

(12.3) $$u = \begin{pmatrix} a \\ k \end{pmatrix} \in R^{n+q}$$

als Steuerelement haben.

Da das vorliegende Problem überbestimmt sein soll, liegen mehr als (n+q) Randbedingungen (12.2) vor. Es wird deshalb i.a. nicht möglich sein, eine Steuerung zu finden, daß die zugehörige Zustandsvariable $x(t)$ die Randbedingung exakt erfüllt. Statt dessen wird man verlangen, daß die Randbedingungen im Sinne einer Norm möglichst gut erfüllt werden.

Die Überführung in Modell (A) ergibt:

$$(12.4) \qquad (Tz)(t) := x(t) - a + \int_o^t f(x(s), k)\, ds = 0$$

$$(12.5) \qquad Sz := -\,|Rz - Rw| \;\rightarrow\; \sup$$

$$(12.6) \qquad z \in Q_z$$

mit den zugehörigen Räumen

$$(12.7) \qquad X := (L^2[o,1])^n \;,\quad U := R^{n+q} \;,\quad Z := X \times U$$

Rz stellt die Projektion von x auf die Funktionswerte $x(t_j)$ dar und Rw entspricht den vorgegebenen Randwerten.

Probleme dieser Art entstehen bei manchen Aufgabenstellungen aus Physik oder Chemie, z.B. stellt (12.1) ein theoretisches Modell für eine chemische Reaktion dar. Die $x_i(t)$ sind die (zeitlich veränderlichen) Konzentrationen der reagierenden Substanzen. Zu bestimmten diskreten Zeitpunkten t_j ermittelt man experimentell alle oder auch nur einzelne der Konzentrationen w_{ij} . k ist ein Vektor molekularer Reaktionskonstanten, der so bestimmt werden soll, daß Theorie und Experiment möglichst wenig differieren. Der Anfangsvektor $a = x(o)$, d.h. der Satz von Anfangskonzentrationen, ist hier natürlich eine feste Konstante.
Wir verzichten auf eine eingehendere Beschreibung und verweisen auf GESSNER [26, 27].

Integrodifferentialgleichungen

Bei allen bisher behandelten kontinuierlichen Problemen war die Änderung des Systems nur abhängig von Zustand und Steuerung im gegenwärtigen Zeitpunkt.
Wird ein Problem beschrieben, dessen Zustandsänderung auch von der Vorgeschichte bis zum gegenwärtigen Zeitpunkt abhängt, entstehen VOLTERRAsche Integrodifferentialgleichungen:

(12.8) $\dot{x}(t) = f(x(t), u(t), \int_0^t g(x(s),u(s))\, ds)$ für $t \in [o,1]$

$x(o) = a$

(12.9) $\psi(x(1)) \rightarrow \sup$

Eng mit diesen verwandt sind Integrodifferentialgleichungen vom FREDHOLMschen Typ:

(12.10) $\dot{x}(t) = f(x(t), u(t), \int_0^1 g(x(x),u(s))\, ds)$ für $t \in [o,1]$

Gleich ob der Prozeß durch (12.8) oder durch (12.10) gegeben ist, soll

(12.11) $x \in (L^2[o,1])^n \; , \quad u \in (L^2[o,1])^m$

gelten. Die Volterraschen Integrodifferentialgleichungen können als Spezialfall der Fredholmschen aufgefaßt werden, was man durch eine Transformation des Integralterms sofort sieht:

$$\int_0^t g(x(s), u(s))\, ds = \int_0^1 \overline{g}(x(s), u(s))\, ds$$

mit

$$\overline{g} := \begin{cases} g, & \text{für} \quad s \leq t \\ 0, & \text{für} \quad s > t \end{cases}$$

In der Praxis treten Kontrollprobleme mit Fredholmschen Transformationsoperatoren bei bestimmten nichtlinearen Randwertaufgaben höherer Ordnung auf; vergl. WACKER [73, 74, 75].

Wir bringen dieses Problem in der Darstellung durch Modell (A) indem wir die Operatoren T und S durch

(12.12) $(Tz)(t) = x(t) - a - \int_0^t f(x(\tau), u(\tau), \int_0^1 g(x(s), u(s))\, ds)\, d\tau$

und

(12.13) $Sz := \psi(x(1))$

definiert.

Dabei sind die Funktionenräume wie in (12.11) definiert.

Eine ausführliche Diskussion dieser Klasse findet sich in einer Arbeit von FEILMEIER, GESSNER, WACKER [24].

Ein praktisches Beispiel:

Setzt man zwei verschiedene Bakterienstämme auf einem Nährboden an, so kann man ihr zeitliches Wachstum näherungsweise durch folgende Gleichungen beschreiben:

$$\frac{dx_1}{dt} = a_1x_1 - b_1x_1x_2 - K_1x_1 \int_o^t x_2(s)\,ds, \qquad x_1(o) = x_{10}$$

$$\frac{dx_2}{dt} = - a_2x_1 + b_2x_1x_2 + K_2x_2 \int_o^t x_1(s)\,ds, \qquad x_2(o) = x_{20}$$

Die $x_i(t)$ sind ein Maß für die augenblickliche Population der beiden Arten. Die Konstanten a_i kennzeichnen das Wachstum, die b_i die gegenseitige Beeinflussung und die K_i erfassen die Erbeinflüsse der beiden Stämme; siehe SAATY [64]. Die Konstanten sollen nun so bestimmt werden, daß Theorie und Versuchsergebnis möglichst gut übereinstimmen. Als Versuchsergebnis fassen wir die Populationswerte der Stämme zu gewissen diskreten Zeitpunkten t_j auf.

Die Aufgabenstellung stellt eine Kombination der Problemklassen (1) und (2) dar.

Verzögerte Differentialgleichungen

Hängt die Zustandsänderung eines Systems außer vom augenblicklichen Zustand noch von einzelnen früheren Zuständen ab, so entstehen Systeme folgenden Typs:

$$(12.14) \quad \dot{x}(t) = f(x(t), x(t-\tau_1), x(t-\tau_2), \ldots , x(t-\tau_k), u(t))$$

$$\text{mit} \quad 0 < \tau_1 < \tau_2 < \ldots < \tau_k$$

$$\text{und} \quad x(t) = \psi(t) \quad \text{für} \quad t \in [-\tau_k, 0]$$

Wir bringen zunächst ein Beispiel, SAATY [64, p. 217]

Eine Fahrzeugschlange im Verkehr bewegt sich (näherungsweise) nach folgendem mathematischen Gesetz:

$$(12.15) \quad \frac{d}{dt} x_i(t + \tau_i) = \lambda_i \cdot (x_{i+1}(t) - x_i(t)) \qquad \text{für} \quad i=1(1)k$$

Dabei stellt $x_i(t)$ die Geschwindigkeit des Fahrzeuges Nummer i dar. $x_0(t)$ ist die - als bekannt angenommene - Geschwindigkeit des Wagens an der Spitze der Schlange. τ_i ist die Reaktionszeit des i-ten Fahrers.

Die Gleichung (12.15) besagt, daß die Beschleunigung des i-ten Wagens proportional zur Geschwindigkeitsdifferenz zwischen diesem Wagen und dem des Vorgängers ist; λ_i ist die Proportionalitätskonstante.

(12.15) erweitert sich zu einem Kontrollproblem, wenn man fordert, daß bei einer plötzlichen Störung kein Auffahrunfall erfolgen soll und gleichzeitig der Verkehr möglichst flüssig ablaufen soll. Kontrolliert wird das System dabei durch die Anfangsabstände der Fahrzeuge sowie durch die Beschleunigungsfaktoren λ_i.

In [60] werden folgende Systeme diskutiert:

$$(12.16) \quad \dot{x}(t) = \sum_{i=0}^{k} A_i(t)x(t-\tau_i) + \int_0^t K(s,t)x(s)\, ds + B(t)u(t) + f(t)$$

$$0 = \tau_0 < \tau_1 < \ldots < \tau_k$$

$$x(t) = \psi(t) \quad \text{für} \quad t \in [-\tau_k, o]$$

$$\psi(x(1)) \rightarrow \sup$$

Die Transformationsgleichung führt hier zu einem verzögerten Volterraschen Integrodifferentialgleichungssystem.

Partielle Differentialgleichungen

Bei physikalischen Prozessen, die mathematisch durch partielle Differentialgleichungen beschrieben werden, treten oft Konstante oder auch Funktionen als Parameter auf. Meist sind diese Parameter experimentell beeinflußbar. Beispiele dafür sind etwa die Neutronentransportgleichung, die Gleichung für die Temperaturüberlagerung und die Navier-Stokes Gleichung.

Probleme dieser Art werden mit funktionalanalytischen Methoden in [49] von J.L. Lions genauer untersucht.

Wir bringen ein Beispiel:

$$\frac{\partial^2 u(x,t)}{\partial t^2} + \Delta(a(x,t)\ \Delta u) = f(x,t) + v(x,t)$$

Diese Gleichung vom Petrowsky Typ soll in einem Gebiet der (x,t)-Ebene gelten.

Anfangsbedingungen:

$$\Delta u(x,o) = u_o$$

$$\left.\frac{\partial u(x,t)}{\partial t}\right|_{t=0} = u_1(x)$$

Randbedingungen:

$$\Delta u(x,t) = o$$

$$\frac{\partial \Delta u(x,t)}{\partial t} = 0 \qquad \text{für} \quad (x,t) \text{ auf dem Rand } \Gamma \text{ von } B$$

Zielfunktion:

$$- \iint_B [u(x,t) - \tilde{u}(x,t)]^2 \, dt \, dx \Rightarrow \sup.$$

$\tilde{u}(x,t)$ ist dabei die Lösung, die man möglichst gut approximieren möchte. Für die Kontrollvariable $v(x,t)$ kann man noch fordern:

$$v_{min}(x,t) \leq v(x,t) \leq v_{max}(x,t$$

Wir wollen damit die Beispielsklassen abschließen. Alle können in geeigneter Weise durch Modell (A) beschrieben und mit der in §1 dargestellten direkten Methode gelöst werden.

ORDNUNGSRELATIONEN

Da die Bezeichnungen sehr uneinheitlich gehandhabt werden, man vergl. [7, 21, 25, 31, 35, 51, 61], stellen wir die in dieser Arbeit benötigten Begriffe der neben algebraischen und topologischen Strukturen wichtigsten mathematischen Mutterstruktur (BOURBAKI) zusammen, wobei wir uns an der neueren Literatur orientieren.

M sei eine Menge. Dann heißt jede Teilmenge $\rho \subset M \times M$ (binäre) Relation (auf M).

ρ heißt ... , wenn ρ ... ist.

QUASIORDNUNG :	reflexiv, transitiv
ORDNUNG :	reflexiv, transitiv, antisymmetrisch
LINEARE ORDNUNG oder KETTE :	reflexiv, transitiv, antisymmetrisch, konnex

(ρ konnex : $\Leftrightarrow$ für alle $m', m'' \in M$ gilt $m'\rho m'' \vee m''\rho m'$)

Ferner sind konnexe Quasiordnungen von großer Bedeutung in der Optimierungstheorie, da sich mit jedem reellen Funktional ψ auf M durch

$$m' \rho m'' :\Leftrightarrow \psi(m') \leq \psi(m'')$$

eine binäre Relation ρ definieren läßt, deren Reflexivität, Transitivität und Konnexität man leicht zeigen kann. Demnach könnte man ρ auch als FUNKTIONALORDNUNG bezeichnen.

Früher bezeichnete man Ketten als „Ordnungen", Ordnungen in unserem Sinn dann als „Halbordnungen". Da aber direkte Produkte geordneter Mengen wieder geordnet sind, sich direkte Produkte linear geordneter Mengen nur als geordnet erweisen, sind Ordnungen im Rahmen einer Strukturtheorie als „Regel"zu betrachten, während die Konnexität etwas „Besonderes" ist, das bereits bei elementaren Operationen (Bildung des direkten Produktes) verloren geht. Dieser Sachverhalt rechtfertigt unsere Wahl der Bezeichnungen.

Ist M Trägermenge einer algebraischen Struktur (hier: reeller Vektorraum) soll die Ordnungsrelation ρ zwei Kompatibilitätsbedingungen erfüllen:

ρ ist TRANSLATIONSINVARIANT : $\Leftrightarrow$ ($m'\rho m'' \Rightarrow m+m'\rho m+m''$ für alle $m \in M$)

ρ ist SKALENINVARIANT : $\Leftrightarrow$ ($m'\rho m'' \wedge k \geq o \Rightarrow km'\rho km''$)

Der POSITIVITÄTSBEREICH $M_+ := \{m \in M \mid O \rho m\} \subset M$ ist ein

konvexer ($\Leftrightarrow$ ρ transitiv).

spitzer ($\Leftrightarrow$ ρ antisymmetrisch)

Kegel ($\Leftrightarrow$ ρ skaleninvariant), der

den Nullvektor enthält ($\Leftrightarrow$ ρ reflexiv) und durch den umgekehrt ρ eindeutig festgelegt ist (ρ translationsvariant).

Deshalb wird M_+ auch POSITIVITÄTSKEGEL oderORDNUNGSKEGEL genannt.

Wir verwenden in den linearen Räumen grundsätzlich als Ordnung das direkte Produkt des linear geordneten Körpers $(R,\leq)$.

Im R^n ist also der Positivitätskegel $(R^n)_+ := (R_+)^n$ das n-fache kartesische Produkt der Menge R_+ aller nichtnegativen reellen Zahlen. (KOMPONENTENWEISE Ordnung).

Auch Funktionenräume ordnen wir durchweg mit dem direkten Produkt der geordneten Bildmenge $(M,\leq)$ indem wir z.B. die Funktionen $f,g : [o,1] \to M$ als Element von $M^{[o,1]}$ auffassen, also

$$f \rho g \Leftrightarrow f(t) \leq g(t) \qquad \text{für alle} \quad t \in [o,1]$$

Da in dieser Arbeit aus dem Zusammenhang immer genau erschließbar ist, ob die lineare Ordnung in R oder die eben definierte Ordnung im R^n

bzw. in Funktionenräumen gemeint sind, bezeichnen wir alle drei mit demselben Symbol $\leq$.

Mit den eben definierten Ordnungen sind insbesondere der R^n und die Funktionenräume VEKTORENVERBÄNDE und es ist sinnvoll die INTERVALLE,

$$[m', m''] := \{m \in M \mid m' \leq m \leq m''\}$$

zu betrachten. Dabei steht also M für den R^n bzw. den Funktionenraum.
Hier nennen wir die Intervalle wegen ihrer „anschaulichen Gestalt" auch QUADER.

LITERATUR

Zunächst sei auf drei Werke hingewiesen, die uns zur Ergänzung und Vertiefung dieser Arbeit besonders geeignet erscheinen:

[1] GESSNER, P. / WACKER, H.J.: „Dynamische Optimierung - Modelle und Computerprogramme"; Carl Hanser Verlag München, 1972.

Dieses Buch wendet sich an den Praktiker. Es wird dort versucht im Bereich der „Optimierung in Funktionenräumen" ähnlich wie bei der linearen Optimierung das Modelldenken einzuführen. Denn ohne standardisierte Modelle ist der Einsatz allgemeiner Computerprogramme nicht möglich - ohne Modelle wird sich deshalb die Technik zur Lösung dynamischer Optimierungsprobleme nicht auf breiter Ebene durchsetzen können.

Es werden einige Standardmodelle für die „Optimierung in Funktionenräumen" vorgeschlagen, die teils auf die von BELLMAN entwickelte Lösungstechnik der „dynamischen Optimierung", teils auf die in den §§ 1 bis 6 dieser Arbeit entwickelte funktionalanalytische Lösungstechnik zugeschnitten sind.

Dabei stehen zwei Schwerpunkte im Vordergrund: einmal wird sehr viel Mühe darauf verwandt, zu zeigen, wie bezeichnende und doch realistische dynamische Probleme verschiedener Bereiche durch die standardisierten Modelle beschrieben werden. Zum anderen werden die numerischen Lösungsverfahren für die standardisierten Modelle äußerst ausführlich diskutuiert. Für den an der Theorie weniger interessierten Praktiker werden die Rechenschritte des Verfahrens jeweils für sich verständlich aufgelistet und an einem konkreten Beispiel erläutert. Der Praktiker soll so ohne Kenntnis der Funktionalanalysis in die Lage versetzt werden, die Technik der Lösungsverfahren selbst anwenden zu können.

Schließlich sind im Anhang Computerprogramme in FORTRAN angegeben, die nach den beschriebenen Rechenverfahren vorgehen.

[2] LEE, E.B. / MARKUS, L.: „Foundations of Optimal Control Theory"; Wiley and Sons, 1967.

Dieses umfassende Standardwerk wendet sich an Leser, die vor allem an den mathematischen Grundlagen und weniger an den Anwendungsmöglichkeiten der modernen Kontrolltheorie interessiert sind. Während auf Gradientenverfahren, Rechenmethoden, dynamische Programmierung und klassische Variationsrechnung nur kurz eingegangen wird durchzieht das Maximumprinzip die Untersuchungen verschiedener Klassen von Problemarten. In vielen Sätzen mit vollständigen Beweisen gehen LEE und MARKUS auf die beim Maximumprinzip sich stellenden Fragen der Existenz und Eindeutigkeit optimaler Steuerungen ein, zahlreiche Bedingungen und Kriterien befassen sich mit der „controllability", Stabilität, Normalität und „observability" von Kontrollproblemen. Mathematische Beispiele weisen auf alle möglichen Schwierigkeiten hin.Wertvolle Ergänzung bieten aber auch der Anhang und eine umfangreiche Bibliogrphie.

[3] LUENBERGER, D.G.: „Optimization by Vector Space Methods"; Wiley and Sons, 1969.

In diesem Buch werden klassische Optimierungsprobleme mit den Methoden der Funktionalanalysis untersucht. Zunächst bringt LUENBERGER eine sehr anschauliche und klare Einführung in die hierfür benötigten funktionalanalytischen Begriffe - es sind im wesentlichen auch die in unserer Arbeit verwendeten Begriffe. Viele bezeichnende Beispiele dienen dem leichteren Verständnis. Schließlich werden die erarbeiteten Hilfsmittel auf klassische Optimierungsprobleme angewandt, wie z.B. konvexe Optimierung,Minimaxtheorem der Spieltheorie, Kleinste-Quadrate-Schätzwerte oder Variationsrechnung; die Aussage - nicht der Beweis - des Maximumprinzips von PONTRJAGIN werden funktionalanalytisch formuliert; einige der wichtigsten bekannten iterativen Verfahren zur numerischen Lösung von Optimierungsproblemen werden erläutert.

Viele Beispiele aus der Ökonomik sowie Kontrollprobleme in der Flug-, Reaktor- und Chemotechnik finden sich in [18, 20, 32, 33, 40, 41, 44, 45, 46, 52, 66, 76].

Über dynamische Optimierung informiert man sich in [1], neben den Arbeiten BELLMANs aber auch in [12], [33] und [55]. Eine Fülle von Arbeiten befaßt sich mit iterativen Verfahren (policy iteration, method of steepest descent, Newton-Raphson-method, etc.), so [5, 6, 10, 15, 16, 24, 26, 27, 28, 29, 30, 43, 45, 46, 48, 53, 56], einen vergleichenden Überblick bietet [54]. Lineare Probleme werden in [23] übersichtlich mit funktionalanalytischen Methoden gelöst, spezielle lineare Kontrollprobleme mit dem Maximumprinzip in [2] und in [11, 37, 38, 77]. Tiefergehende Hinweise auf Beziehungen der modernen Kontrolltheorie zur klassischen Variationsrechnung bringen neben [2] besonders [16, 62, 63].

Zur Einführung in die Funktionalanalysis und die L^p-Räume ist neben [3] und den Standardwerken [21, 42, 50] besonders [61] geeignet. Das LEBESGUE-Integral wird in [8] genau erklärt. Ordnungsrelationen werden in [25, 35], deren Kompatibilität mit anderen Strukturen in [7, 31, 51] untersucht. Über Eigenschaften konvexer Mengen erfährt man in [3] und in [72] Näheres. Eine knappe Zusammenfassung über konvexe Mengen bringt [2] im Appendix zu Ch.2.

Weitere nach Sachgruppen geordnete Literaturhinweise entnehme man [2,4] und [14].

[4] ATHANS, M.: „The Status of Optimal Control Theory and Applications for Deterministic Systems"; in IEEE Trans. on Automatik Control, vol.AC-11, no.3, July 1966, pp. 580-596

[5] BALAKRISHNAN, A.V. / NEUSTADT, L.W.(Eds.): „Computing Methods in Optimization Problems"; Academic Press, 1964

[6] BALAKRISHNAN, A.V. / NEUSTADT, L.W. (Eds): „Mathematical Theory of Control"; Academic Press, 1967

[7] BAUER, F.L.: „Theory of Norms"; Report no. CS 75(1967), Stanford University

[8] BAUER, H.: „Wahrscheinlichkeitstheorie und Grundzüge der Maßtheorie"; Göschen 1216, Berlin 1964

[9] BAUER, H. / BEUSCHEL, R.: „Dynamische Optimierung bei Problemen mit mehreren Entscheidungs- und Zustandsvariablen"; DFG-Bericht (1967) Inst. f. Angew. Math. d. TH München

[10] BAUER, H. / BEUSCHEL, R.: „Ermittlung Optimaler Steuerungen mit Hilfe des Maximumprinzips von Pontrjagin am elektronischen Analogrechner"; DFG-Bericht (1968) Inst. f. Angew. Math. d. TH München

[11] BAUER, H. / NEUMANN, K.: „Berechnung optimaler Steuerungen, Maximumprinzip und dynamische Optimierung"; Lecture Notes in Operations Research and Mathematical Systems, vol.17, 1969

[12] BECKMANN, M.J.: „Dynamic Programming of Economic Decisions"; New York, 1968

[13] BECKMANN, M.J. / KÜNZI, H.P.: „Mathematik für Ökonomen I"; Springer-Verlag Berlin, 1969

[14] BELLMAN, R.: „Introduction to the Mathematical Theory of Control Processes Vol.1"; Academic Press, 1967

[15] BELLMAN, R. / KALABA, R.: „Quasilinearization and Nonlinear Boundary-value Problems"; Princeton, 1964

[16] BERKOVITZ, L.D.: „Variational Methods in Problems of Control and Programming"; in Journal of Mathematical Analisis and Applications, vol.3, no.1, Aug.1961, pp. 145-169

[17] BOOTH, T.L.: „Sequential Machines and Automata Theory"; Wiley and Sons, 1967

[18] BUCERIUS, H.: „Himmelsmechanik I"; BI-143, Mannheim 1966

[19] BUTOVSKII, A.G.: „The necessary and sufficient conditions for optimality of discrete control systems"; Automation and Remote Control, vol.24, 1964, pp. 963-970; engl. Üb.d.russ.Orig.

[20] CHERNIK: „The Dynamics of a Xenon Controlled Reactor"; Nucl. Sci. Eng. 8, 233, 1960

[21] COLLATZ, L.: „Funktionalanalysis und numerische Mathematik"; Berlin, 1968

[22] FEILMEIER, M.: „Eine Möglichkeit zur Lösung linearer Operatorgleichungen"; Diss. TH München, 1968

[23] FEILMEIER, M.: / GESSNER, P. /WACKER, H.J.: „Lineare Kontrollprobleme"; in Unternehmensforschung 14 (1970) 4, S. 263-275

[24] FEILMEIER, M. / GESSNER, P. / WACKER, H.J.: „Überbestimmte Randwertprobleme bei Integrodifferentialgleichungen"; Math. Sem. d. Universität Hamburg 36 (1970)

[25] GERICKE, H.: „Theorie der Verbände"; BI-38, Mannheim, 1967

[26] GESSNER, P.: „Approximationsprobleme mit Differentialgleichungssystemen als Nebenbedingungen"; erscheint demnächst in COMPUTING

[27] GESSNER, P.: „Anwendung eines Maximumprinzips der Kontrolltheorie auf überbestimmte Mehrpunkt-Randwertprobleme bei gewöhnlichen Differentialgleichungen"; GAMM-Tagung Delft 1970, ersch. in ZAMM

[28] GESSNER, P.: „Mehrdimensionale Entscheidungsmodelle"; ZAMM 50 (1970) 6/7

[29] GESSNER, P.: „Optimierungsprobleme in unitären Räumen"; Habilitationsschrift, TH München, 1970

[30] GÖTZ, E.: „Theorie und numerische Behandlung mehrdimensionaler Entscheidungsmodelle"; DA (1968) Inst. f. Angew. Math. d. TH München

[31] GROTEMEYER, K.P.: „Lineare Algebra"; BI-732, Mannheim, 1970

[32] GUNCKEL, T.L.: „Guidance and Control of Reentry and Aerospace Vehicles"; Advaces in Control Systems (Ed. LEONDES, C.T.), Academic Press, 1966, pp. 2-66

[33] Hadley, G.: „Nichtlineare und dynamische Programmierung"; Physica-Verlag Würzburg, 1969; dt. Üb. d. am. Orig.

[34] HALKIN, H.: „Optimal Control for Systems by Difference Equations"; Advances in Control Systems (Ed. LEONDES, C.T.), Academic Press, 1 (1964), pp. 173-196

[35] HERMES, H.: „Einführung in die Verbandstheorie"; Springer-Verlag Berlin, 1967

[36] HÖLL, E.: „Mehrdimensionale Probleme der diskreten dynamischen Optimierung"; DA (1970) Inst. f. Angew. Math. d. TU München

[37] HOLTZMAN, J.M.: „Convexity and the Maximum Principle for Discrete Systems"; IEEE Trans. on Automatic Control, AC-11 (1966) 1, pp. 30-35

[38] HOLTZMAN, J.M. / HALKIN, H.: „Directional convexity and the

maximum principle for discrete systems"; SIAM Journal on Control

[39] HWANG, C. / FAN, L.:„A Discrete Maximum Principle"; Operations Research (1967) 15, pp. 139-146

[40] JONES, G.S. / STRAUSS, A.: „An Example of Optimal Control"; The SIAM review, 10 (1968) 1, pp. 25-55

[41] KARASEK, F.W.: „Analytic Instruments in Process Control"; in Scientific American 220 (1969) 6, pp. 112-120

[42] KANTOROWITSCH, L.W. / AKILOW, G.P.: „Funktionalanalysis in normierten Räumen"; Akademie-Verlag Berlin, 1964

[43] KETHNATH : „Zeitoptimale Kontrollprobleme"; DA (1971) Inst. f. Angew. Math. d. TU München

[44] KISLEI, F.H.: „Application to the Reentry Flight Control Problem"; Advances in Control Systems (ed. LEONDES, C.T.), Academic Press 1 (1964), pp. 324-330

[45] KOPP, R.E. / MOYER, H.G.: „Trajectory Optimization Techniques"; in Advances in Control Systems (Ed. LEONDES, C.T.), 4 (1966), pp. 103-155

[46] LAVI, A. / VOGL, T.: „Recent Advances in Optimization Technique"; Wiley and Sons, 1965

[47] LEONDES, C.T.: „Inertial Navigation for Aircraft"; Scientific American 222 (1970) 3, pp. 80-86

[48] LEVINE, M.D.:„Trajectory Optimization using the Newton-Raphson Method"; in Automatica, 3 (1966) 3/4, pp. 203-217

[49] LIONS, J.L.: „Optimal Control of Systems Governed by Partial Differential Equations"; Springer-Verlag, 1970

[50] LJUSTERNIK, L.A. /SOBOLEW, W.I.: „Elemente der Funktionalanalysis"; Akademie-Verlag Berlin, 1968

[51] MacLANE, S. / BIRKHOFF, G.: „Algebra"; Macmillan New York, 1967

[52] MAYR, O.: „The Origins of Feedback Control"; Scientific American 223 (1970) 4, pp. 110-118

[53] MITTER, S.K.: „Successive Approximation Methods for the Solution of Optimal Control Problems"; in Automatika 3 (1966) 3/4, pp. 135-149

[54] MUFTI, I.H.: „Computational Methods in Optimal Control Problems"; Lecture Notes in Operations Research and Mathematical Systems, no. 27, Berlin, 1970

[55] NEUMANN, K.: „Dynamische Optimierung"; BI-714, Mannheim, 1969

[56] NEUMANN, K.: „Ein Verfahren zur Lösung gewisser nichtlinearer Kontrollprobleme"; in COMPUTING (1970) 6, S. 249-263

[57] NEUMANN, K. / NEUMANN, TH.: „Die Anwendung des elektronischen Analogrechners auf das dynamische Optimieren"; in Unternehmensforschung 7 (1963) 3, S. 117-130

[58] NEUSTADT, L.W.: „Minimum Effort Control Systems"; I. Soc. Ind. Appl. Math. Ser. A. Control 1 (1962)

[59] NEUSTADT, L.W.: „Optimization, A Moment Pronlem, and Nonlinear Programming"; I. Soc. Ind. Appl. Math. Ser. A. Control 2

(1964)

[60] OGUZTÖRELT, N.: „Time-Lag Control Systems"; Academic Press, 1966

[61] PFLAUMANN, E. / UNGER, H.: „Funktionalanalysis I"; BI-82, Mannheim, 1968

[62] PONTRJAGIN, L.S. et al.: „Mathematische Theorie optimaler Prozesse"; Oldenbourg-Verlag München, 1967; dt. Üb. d. russ.Orig.

[63] ROZONOER, L.I.: „L. S. Pontryagin Maximum Principle in the Theorie of Optimum Systems"; in Automation and Remote Control, 20 (959) 10, 11, 12, pp. 1288-1392 / 1405-1421 / 1517-1532; engl. Üb. d. russ. Orig.

[64] SAATY, T.L.: „Modern Nonlinear Equations"; Graw Hill Book, 1967

[65] SCHLEIP, H.: „Anwendung des FGW-Verfahrens auf Randwertprobleme für gewöhnliche parameterabhängige Differentialgleichungssysteme"; DA (1970) Inst. f. Angew. Math. d. TU München

[66] SCHMIDT, S.F.: „Applications of State-Space Methods to Navigation Problems"; Advances in Control Systems (ED. LEONDES, C.T.), Academic Press, 3 (1966), pp. 293-331

[67] SCHULTZ, M.: „Control of Nuclear Reactors and Power Plants"; Graw Hill Book, 1961

[68] SPREMANN, K.: „Das Maximumprinzip von Pontrjagin. Konstruktive Anwendungen und ein Zusammenhang mit der direkten Mathode"; DA (1970) Inst. f. Angew. Math. d. TU München

[69] SPREMANN, K.: „Zur Äquivalenz zweier Maximumprinzipien der Kontrolltheorie"; int. Komm. (1970) Inst. f. Angew. Math. d. TU München

[70] STRAUSS, A.: „An Introduction to Optimal Control Theory"; Lecture Notes in Operations Research and Mathematical Systems, no. 3, 1968

[71] TOU, J.T.: „Modern Control Theory"; Graw Hill Book, 1964

[72] VALENTINE, F.A.: „Konvexe Mengen"; BI-402, Mannheim, 1968; dt. Üb. d. am. Orig.

[73] WACKER, H.J.: „Einbettungsmethoden und Bifurkation bei der Lösung nichtlinearer Probleme"; Habilitationsschrift, TU München 1970

[74] WACKER, H.J.: „Eine Lösungsmethode zur Brhandlung nichtlinearer Randwertprobleme"; in ISNM 15 (1970)

[75] WACKER, H.J.: „Eine Methode zur numerischen Lösung von nichtlinearen Gleichungen Fredholmscher Art"; in ZAMM 49 (1969) 11

[76] WIBERG, D.M.: „Optimal Control of Nuclear Reactor Systems"; Advances in Control Systems (Ed. LEONDES, C.T.), Academic Press, vol. 5 (1967), pp. 302-374

[77] ZADEH, L.A.: „Linear Systems Theory"; Graw Hill Book, 1963

Bezeichnungen und Symbole

Grundsätzlich kennzeichnet der Stern $..^*$ die Optimalität einer Größe und wir symbolisieren deshalb die adjungierten Operatoren durch $..^{ad}$ und die dualen Räume mit $..^{du}$ zwar unüblich aber doch sinnfällig. Für die verwendeten Ordnungsrelationen vergleiche man den Anhang. Normen werden durch einfache Betragsstriche $|..|$ und Skalarprodukte durch $\langle , \rangle$, indiziert mit dem Symbol des entsprechenden Raumes, bezeichnet.

a Anfangswert, (2.1)
ES Operator, (10.8)
f Abbildung, (2.1)
F Operator $U \to X$, (1.4)
H Operator, §7 Def. 6
k Stufenzahl, (5.1) und (5.2)
k' reelle Schranke, (1.8)
k" reelle Schranke, (1.11)
L linearer Operator $X \to X$, (1.9)
LÖ Operator, (10.9)
m Dimension der Steuervariablen, (2.2)
M linearer Operator $U \to X$, (1.9)
n Dimension der Zustandsvariablen, (2.3)
N Menge der natürlichen Zahlen
o reelle Null, Zeichen für Komposition von Abbildungen in §10
O Nullvektor
Ω Raum, (10.8)
P Raum der Kozustandsvariablen, §7 Def. 5
ψ Zielfunktional, (2.4)
Q_u, Q_x, Q_z, Q_ω Teilmengen zulässiger Größen
R Menge der reellen Zahlen
S Operator $Z \to R$, §1
SB Steuerbereich, (7.1)
st Straffunktion, (6.2)
σ Operator, (10.10)
T Operator $Z \to X$, §1
U Raum der Steuerungen, §1

X Raum der Zustandsvariablen, §1

Z Produktraum $X \times U$, §1

ZG Zielgebiet, (7.1)

Lecture Notes in Economics and Mathematical Systems

(Vol. 1–15: Lecture Notes in Operations Research and Mathematical Economics, Vol. 16–59: Lecture Notes in Operations Research and Mathematical Systems)

Vol. 1: H. Bühlmann, H. Loeffel, E. Nievergelt, Einführung in die Theorie und Praxis der Entscheidung bei Unsicherheit. 2. Auflage, IV, 125 Seiten 4°. 1969. DM 16,–

Vol. 2: U. N. Bhat, A Study of the Queueing Systems M/G/1 and GI/M/1. VIII, 78 pages. 4°. 1968. DM 16,–

Vol. 3: A. Strauss, An Introduction to Optimal Control Theory. VI, 153 pages. 4°. 1968. DM 16,–

Vol. 4: Einführung in die Methode Branch and Bound. Herausgegeben von F. Weinberg. VIII, 159 Seiten. 4°. 1968. DM 16,–

Vol. 5: Hyvärinen, Information Theory for Systems Engineers. VIII, 205 pages. 4°. 1968. DM 16,–

Vol. 6: H. P. Künzi, O. Müller, E. Nievergelt, Einführungskursus in die dynamische Programmierung. IV, 103 Seiten. 4°. 1968. DM 16,–

Vol. 7: W. Popp, Einführung in die Theorie der Lagerhaltung. VI, 173 Seiten. 4°. 1968. DM 16,–

Vol. 8: J. Teghem, J. Loris-Teghem, J. P. Lambotte, Modèles d'Attente M/G/1 et GI/M/1 à Arrivées et Services en Groupes. IV, 53 pages. 4°. 1969. DM 16,–

Vol. 9: E. Schultze, Einführung in die mathematischen Grundlagen der Informationstheorie. VI, 116 Seiten. 4°. 1969. DM 16,–

Vol. 10: D. Hochstädter, Stochastische Lagerhaltungsmodelle. VI, 269 Seiten. 4°. 1969. DM 18,–

Vol. 11/12: Mathematical Systems Theory and Economics. Edited by H. W. Kuhn and G. P. Szegö. VIII, IV, 486 pages. 4°. 1969. DM 34,–

Vol. 13: Heuristische Planungsmethoden. Herausgegeben von F. Weinberg und C. A. Zehnder. II, 93 Seiten. 4°. 1969. DM 16,–

Vol. 14: Computing Methods in Optimization Problems. Edited by A. V. Balakrishnan. V, 191 pages. 4°. 1969. DM 16,–

Vol. 15: Economic Models, Estimation and Risk Programming: Essays in Honor of Gerhard Tintner. Edited by K. A. Fox, G. V. L. Narasimham and J. K. Sengupta. VIII, 461 pages. 4°. 1969. DM 24,–

Vol. 16: H. P. Künzi und W. Oettli, Nichtlineare Optimierung: Neuere Verfahren, Bibliographie. IV, 180 Seiten. 4°. 1969. DM 16,–

Vol. 17: H. Bauer und K. Neumann, Berechnung optimaler Steuerungen, Maximumprinzip und dynamische Optimierung. VIII, 188 Seiten. 4°. 1969. DM 16,–

Vol. 18: M. Wolff, Optimale Instandhaltungspolitiken in einfachen Systemen. V, 143 Seiten. 4°. 1970. DM 16,–

Vol. 19: L. Hyvärinen, Mathematical Modeling for Industrial Processes. VI, 122 pages. 4°. 1970. DM 16,–

Vol. 20: G. Uebe, Optimale Fahrpläne. IX, 161 Seiten. 4°. 1970. DM 16,–

Vol. 21: Th. Liebling, Graphentheorie in Planungs- und Tourenproblemen am Beispiel des städtischen Straßendienstes. IX, 118 Seiten. 4°. 1970. DM 16,–

Vol. 22: W. Eichhorn, Theorie der homogenen Produktionsfunktion. VIII, 119 Seiten. 4°. 1970. DM 16,–

Vol. 23: A. Ghosal, Some Aspects of Queueing and Storage Systems. IV, 93 pages. 4°. 1970. DM 16,–

Vol. 24: Feichtinger, Lernprozesse in stochastischen Automaten. V, 66 Seiten. 4°. 1970. DM 16,–

Vol. 25: R. Henn und O. Opitz, Konsum- und Produktionstheorie. I. II, 124 Seiten. 4°. 1970. DM 16,–

Vol. 26: D. Hochstädter und G. Uebe, Ökonometrische Methoden. XII, 250 Seiten. 4°. 1970. DM 18,–

Vol. 27: I. H. Mufti, Computational Methods in Optimal Control Problems. IV, 45 pages. 4°. 1970. DM 16,–

Vol. 28: Theoretical Approaches to Non-Numerical Problem Solving. Edited by R. B. Banerji and M. D. Mesarovic. VI, 466 pages. 4°. 1970. DM 24,–

Vol. 29: S. E. Elmaghraby, Some Network Models in Management Science. III, 177 pages. 4°. 1970. DM 16,–

Vol. 30: H. Noltemeier, Sensitivitätsanalyse bei diskreten linearen Optimierungsproblemen. VI, 102 Seiten. 4°. 1970. DM 16,–

Vol. 31: M. Kühlmeyer, Die nichtzentrale t-Verteilung. II, 106 Seiten. 4°. 1970. DM 16,–

Vol. 32: F. Bartholomes und G. Hotz, Homomorphismen und Reduktionen linearer Sprachen. XII, 143 Seiten. 4°. 1970. DM 16,–

Vol. 33: K. Hinderer, Foundations of Non-stationary Dynamic Programming with Discrete Time Parameter. VI, 160 pages. 4°. 1970. DM 16,–

Vol. 34: H. Störmer, Semi-Markoff-Prozesse mit endlich vielen Zuständen. Theorie und Anwendungen. VII, 128 Seiten. 4°. 1970. DM 16,–

Vol. 35: F. Ferschl, Markovketten. VI, 168 Seiten. 4°. 1970. DM 16,–

Vol. 36: M. P. J. Magill, On a General Economic Theory of Motion. VI, 95 pages. 4°. 1970. DM 16,–

Vol. 37: H. Müller-Merbach, On Round-Off Errors in Linear Programming. VI, 48 pages. 4°. 1970. DM 16,–

Vol. 38: Statistische Methoden I, herausgegeben von E. Walter. VIII, 338 Seiten. 4°. 1970. DM 22,–

Vol. 39: Statistische Methoden II, herausgegeben von E. Walter. IV, 155 Seiten. 4°. 1970. DM 16,–

Vol. 40: H. Drygas, The Coordinate-Free Approach to Gauss-Markov Estimation. VIII, 113 pages. 4°. 1970. DM 16,–

Vol. 41: U. Ueing, Zwei Lösungsmethoden für nichtkonvexe Programmierungsprobleme. VI, 92 Seiten. 4°. 1971. DM 16,–

Vol. 42: A. V. Balakrishnan, Introduction to Optimization Theory in a Hilbert Space. IV, 153 pages. 4°. 1971. DM 16,–

Vol. 43: J. A. Morales, Bayesian Full Information Structural Analysis. VI, 154 pages. 4°. 1971. DM 16,–

Vol. 44: G. Feichtinger, Stochastische Modelle demographischer Prozesse. XIII, 404 pages. 4°. 1971. DM 28,–

Vol. 45: K. Wendler, Hauptaustauschschritte (Principal Pivoting). II, 64 pages. 4°. 1971. DM 16,–

Vol. 46: C. Boucher, Leçons sur la théorie des automates mathématiques. VIII, 193 pages. 4°. 1971. DM 18,–

Vol. 47: H. A. Nour Eldin, Optimierung linearer Regelsysteme mit quadratischer Zielfunktion. VIII, 163 pages. 4°. 1971. DM 16,–

Vol. 48: M. Constam, Fortran für Anfänger. VI, 143 pages. 4°. 1971. DM 16,–

Vol. 49: Ch. Schneeweiß, Regelungstechnische stochastische Optimierungsverfahren. XI, 254 pages. 4°. 1971. DM 22,–

Vol. 50: Unternehmensforschung Heute – Übersichtsvorträge der Züricher Tagung von SVOR und DGU, September 1970. Herausgegeben von M. Beckmann. VI, 133 pages. 4°. 1971. DM 16,–

Vol. 51: Digitale Simulation. Herausgegeben von K. Bauknecht und W. Nef. IV, 207 pages. 4°. 1971. DM 18,–

Vol. 52: Invariant Imbedding. Proceedings of the Summer Workshop on Invariant Imbedding Held at the University of Southern California, June – August 1970. Edited by R. E. Bellman and E. D. Denman. IV, 148 pages. 4°. 1971. DM 16,–

Vol. 53: J. Rosenmüller, Kooperative Spiele und Märkte. IV, 152 pages. 4°. 1971. DM 16,–

Vol. 54: C. C. von Weizsäcker, Steady State Capital Theory. III, 102 pages. 4°. 1971. DM 16,–

Vol. 55: P. A. V. B. Swamy, Statistical Inference in Random Coefficient Regression Models. VIII, 209 pages. 4°. 1971. DM 20,–

Vol. 56: Mohamed A. El-Hodiri, Constrained Extrema. Introduction to the Differentiable Case with Economic Applications. III, 130 pages. 4°. 1971. DM 16,–

Vol. 57: E. Freund, Zeitvariable Mehrgrößensysteme. VII, 160 pages. 4°. 1971. DM 18,–

Vol. 58: P. B. Hagelschuer, Theorie der linearen Dekomposition. VII, 191 pages. 4°. 1971. DM 18,–

Vol. 59: J. A. Hanson, Growth in Open Economics. IV, 127 pages. 4°. 1971. DM 16,–

Vol. 60: H. Hauptmann, Schätz- und Kontrolltheorie in stetigen dynamischen Wirtschaftsmodellen. V, 104 pages. 4°. 1971. DM 16,–

Vol. 61: K. H. F. Meyer, Wartesysteme mit variabler Bearbeitungsrate. VII, 314 pages. 4°. 1971. DM 24,–

Vol. 62: W. Krelle u. G. Gabisch unter Mitarbeit von J. Burgermeister, Wachstumstheorie. VII, 223 pages. 4°. 1972. DM 20,–

Vol. 63: J. Kohlas, Monte Carlo Simulation im Operations Research. VI, 162 pages. 4°. 1972. DM 16,–

Vol. 64: P. Gessner u. K. Spremann, Optimierung in Funktionenräumen. IV, 120 pages. 4°. 1972. DM 16,–.